U0070048

你的軟爛，我好喜歡！

貓大師說要先懂得躺平，才能悟出人生的眞諦

作者——趙晟恩　翻譯——紀仲威

前言

「我回來啦。」

我下班後一回到家，五隻貓咪就在打開大門的瞬間蜂擁而上。隨著疲憊感在一天之中不斷增加，下班後想來瓶啤酒的感覺也越發強烈；我跟貓咪玩了一下之後，就準備他們的晚餐並打掃環境，接著換了件衣服便從冰箱拿出一罐啤酒。

吃得飽飽的貓咪們此時滿足地搖著尾巴，走到我身邊；我那一整天悶到發慌的無形尾巴，也跟著放鬆下來了。

我喝了一口啤酒，把臉埋進膨鬆又柔軟的貓背裡，手指輕輕觸摸那溫暖的白色前腳。另外還跟他說了一個不管跟誰都很難開口的小故事。

「我在回家路上遇到跟你顏色很相似的野貓。值得慶幸的是，雖然他體型小，但也沒到很瘦弱……今天感覺也超累的，能辭掉工作專心畫畫就好了……難道不能直接把大便變黃金嗎？」我用一副不正經的聲音抱怨著。貓咪就像善良又話少的調酒師一般，全都聽進去了。

「就那一點事就喊累，在這險惡的世上要怎麼樣活下去？就連野貓也是認命過日子，不會亂發牢騷。既然沒有什麼特別的本領或財產，怎麼會想要辭職專心畫畫呢？」貓咪靜靜地聽我說著，還一邊喵嗚著回應我；接著輕輕地舔我的手臂，再跳到膝蓋上幫我暖身，直到我腳都麻了。

對我來說，最棒的是下班後能和貓咪在客廳玩耍；這樣一杯啤酒和五隻貓的慵懶生活，讓我減輕許多工作壓力。我願意就這樣和貓咪度過一整夜、一個月，甚至一整季到一整年。

又到了臨近早晨的時光了，我也準備好出門上班。背著包包回頭一看，剛剛才吃完早餐的貓咪又已經香甜地入睡了，只有年紀最小的果乾呆呆地盯著我看。

「我走囉！」我打起精神與貓咪道別後走出家門。

今天下班後想要來畫畫，雖然每一天看起來都很類似，但仔細比較的話會發現完全不同；一下開心一下悲傷，悲傷後又接著搞笑，搞笑完又很認真地像貓咪一樣過日子。這些日子成為了我生命的一部分，也在這之中完成了本書。

趙晟恩

家中貓咪成員介紹

字：咚咚（7 歲）。
號：小鹿（像小鹿一樣愛跳來跳去）。
徵：對人溫柔，對同類很兇。
技：用後腳站立，用手拍人肩膀後逃跑。
歡的事物：拍打屁股。
厭的事物：浩舜。

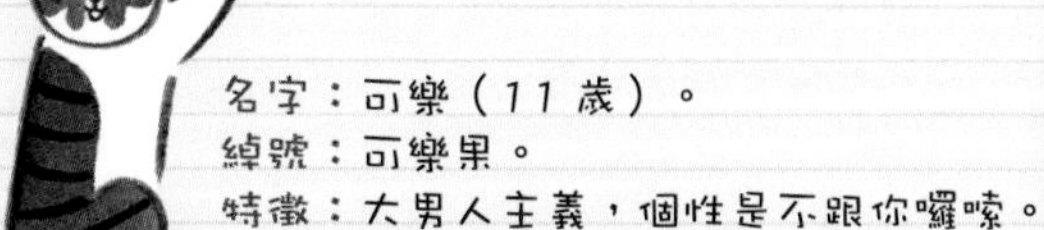

名字：可樂（11 歲）。
綽號：可樂果。
特徵：大男人主義，個性是不跟你囉嗦。
特技：撕爛玩具，嚼棉花棒。
喜歡的事物：食物。
討厭的事物：肚子餓。

名字：果乾（3 歲）。
綽號：黑黑、小黑、黑鬼。
特徵：管家趙晟恩的鐵粉，負責撒嬌。
特技：開門。
喜歡的事物：半夜在廁所練唱。
討厭的事物：巨大聲響、陌生人。

名字：金勾（11 歲）。
綽號：金小新、尿床的孩子。
特徵：擁有完美體態，個性溫文儒雅。
特技：尿床。
喜歡的事物：打屁股和發呆。
討厭的事物：很髒的廁所。

名字：浩舜（8 歲）
綽號：舜兒、胖胖。
特徵：美貌出眾、敏感卻充滿真性情。

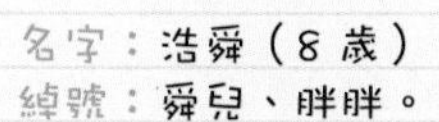

特技：舔人（不怕生，不管是面對人或貓）。
喜歡的事物：梳毛毛。
討厭的事物：咚咚。

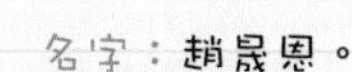

名字：趙晟恩。
綽號：貓咪媽媽。
特徵：很愛哭，也愛笑。
特技：努力工作來養活貓咪。
喜歡的事物：整天與貓咪躺在床上。
討厭的事物：被逼迫。

目錄

第一章

那些難能可貴的日子

第二章

貓咪和我的日常

第三章 

用可愛的事物平衡生活

第四章

就是用這種感覺過日子！

第一章

那些難能可貴的日子

備受安慰的味道

星期天，晚起的我在早晨煮了杯咖啡，頓時家中滿溢著咖啡香，再配一塊甜餅乾。浩舜聞到咖啡香便跳上桌，可樂躺在桌角睡覺。不管喝得再慢，還是覺得杯裡的咖啡好快就空了；我緊抓著涼掉的咖啡杯，心裡覺得好可惜，一邊將臉貼到可樂背上，竟然驚覺一陣咖啡香！原來可樂那亮麗的背上，默默釋放著咖啡香氣啊；旁邊的浩舜和躺在我面前的果乾都聞到香味了。今天的咖啡香散發給所有人。

海帶

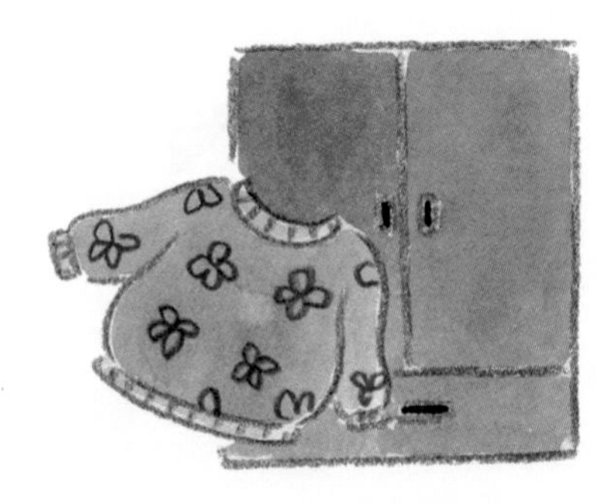

衣櫥裡的羊毛衣

護手霜

貓咪的香氣

洋娃娃的頭髮

小熊

清新的水果

臭醬湯

咖啡香
真棒啊！
這麼快就
喝完了，
好可惜。
啊……可樂
背上散發著
咖啡味。
呼嚕嚕

...

我很喜歡聞貓的味道，而且味道很多變：只要在那柔軟的額頭和光滑的背上來回地聞，就有一種在大太陽底下曝曬棉被的味道；有時候也像在衣櫃放很久的毛衣味；雨天則會莫名地聞到如海岸邊飄動的海帶；或者讓我想起小時候洋娃娃頭髮的味道；以及很久之前在國外買的熊熊玩偶味道；還有擦護手霜後撫摸著貓咪，散發出淡淡草莓香；也有像臭醬湯一樣香噴噴的味道；心情好的時候，都會記錄當天在貓咪身上聞到的味道。

而今天應該要這樣寫才對：「在秋季的某個星期天，貓咪有著讓人愉悅的幸福悠閒咖啡香。」

SUN
DAY

有貓咪的風景

在葡萄成熟的季節，大貓咪和我一起坐在外婆家客廳的地板。我吃著葡萄，手輕輕地順毛著撫摸貓咪的背，我們一起望著庭院。

我不知道那隻是母貓還是公貓，也有點忘了他眼睛的顏色，倒是記得他的手掌與肥肥的身體，摸起來很柔軟舒服。那是一隻從小就端莊斯文，會很溫順地讓人撫摸的貓咪。他似乎很快就失蹤了，不久房子也拆掉了。而飼養貓咪的外婆，現在也不在這個世界上了。

但是在我的記憶裡，我依然坐在那地板上，身邊的你應該還很小。我們共有的時光，至今仍閃動著熠熠光芒。

在夜裡洗碗

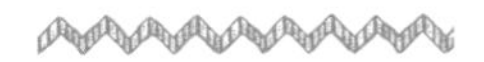

在星期四的晚上，水槽裡浸泡著整堆從星期一到星期三，整整三天未洗的碗盤；我連戴起橡膠手套，準備清洗的念頭都沒有，直接閉上眼假裝沒看見，轉身離去。我可愛的果乾晚餐吃得飽飽的，露出肚皮躺在地毯中央，我伸出手觸摸他柔軟的肚皮，瞬間意識到才修剪不久的指甲又長長了，跟我轉眼就堆積如山的碗盤一樣。

上了一整天的班之後感到力不從心，無法顧及日常生活，家裡髒亂不堪，跟我的內心一樣。我帶著憂鬱的心情想直接躺在床上，但又知道真的不能再這樣下去了；所以即使累歸累，還是走回廚房開始洗碗盤。

碗盤堆積如山。

指甲長得很長。

跟我內心一樣。

是在怎麼樣的夜晚，累積了這些未清洗的碗盤呢？是在我帶著疲憊的身軀回到家，照料完貓咪的食物就直接入睡的夜晚；是下班後被迫參加公司聚餐，比平常更晚到家的夜晚；還是忍著睏倦，硬是要畫畫的夜晚。

又是在怎樣的早晨，讓我忘了剪指甲呢？是不管設了多少個鬧鐘，都很難清醒的早晨；是為了追公車，跑到心臟快無法負荷的早晨；還是每個月總有幾次凌晨才到家，天亮之前又要出門的早晨。

但總之，今天無論如何都要收拾髒亂的環境，大概要收到凌晨十二點吧；接著在安靜的深夜裡剪指甲。即便到了明天又會再度變得髒亂不堪，今天也要盡全力做到最好。

自己的指甲也剪了。

雖然明天又會累積一堆事，但我不能就此放棄自己和生活。

無論天大的事，還是先躺下休息吧

希臘神話中的海妖，以美妙嗓音勾引水手；聽到歌聲的水手紛紛跳入海裡，接著就發生船難。我們家裡雖然沒有海妖，但是有果乾。我下班後早已是全身無力的狀態，明明在辦公室就已經累到不行了，回到家還有一堆事要做：打掃、上網購物、畫畫、陪貓咪玩耍，同時還要煩惱明天是上班日。我面對貌似無止境的航程，有時真的覺得累了。

果然我下班一到家就馬上被果乾吸引了，
不顧其他貓咪的干擾，只隨著果乾的聲音而去。

我到家打開門，就看到又黑又醜的果乾，他嘴裡發出喵喵喵的美妙聲音：「喵嗚——喵嗚——喵嗚——。」果乾一邊喵喵叫，一邊把我帶到房間。果乾就是有本事讓我顧不得東西都還沒整理，即便其他貓咪也跟著跑來了，我也只幫他開房門。躺在床中央的果乾，好像向我灌注了強烈的魔法。

即使工作很辛苦，但還是要完成當天的家務事。
和貓咪一起忘掉明天要上班的煩惱吧，好好地睡一覺。

跳到床上的果乾像是在說：「來這邊吧，好好放鬆一下吧。」我只要抱著他，眼睛就會跟著閉上，彷彿沉到深海中，一個沒有煩惱的地方。當我清晨張開眼睛時，會像是再次漂浮在海面上；這一夜的擱淺體驗非常甜美，我每晚都想和果乾一起潛下去。

進攻房間！

房間是貓咪在家裡最愛的地方。已經十一歲的金勾是個尿床的孩子，真的最喜歡在床上撒尿了，所以房門隨時要關好。可樂、果乾和浩舜到了晚上則非得要進到房間，才會停止鬼叫。不過如果一直關起房門，空氣不流通會非常悶熱，因此下定決心加裝圍欄，這個決定就像是開啟了一個新世界，連力氣很大的可樂都無法輕易開啟圍欄。

現在我就算躺在房間的床上，也可以觀察和照顧貓咪的一舉一動，夏天也不覺得悶熱了，真開心；之前還傻傻的關著門，怎麼一直都沒想到可以這樣舒適。雖然有時候可樂會磨蹭圍欄，但也無妨。

多虧有圍欄，讓我自由多了。

嘩啦
圍欄——
圍欄——
魯拉拉——♪

吱吱

嘿呦
啊

我有天如往常一般，關上圍欄之後跑去洗澡。我在浴室一邊哼歌的時候，突然發現外面好安靜，浴室內的熱氣頓時冷卻下來，瀰漫一種不祥的預感。於是我連水也沒關，直接裸體從浴室飛奔出去。

果然！圍欄被打開了！五隻貓咪佔領了房間，金勾還到床中間，一副準備要撒尿的姿勢，我在千鈞一髮之際抱起金勾，阻止床被毀掉的危機。

不過確定已無法阻擋果乾開門的獨門技術了，圍欄從那天起就成了無用之物。果乾可以神不知鬼不覺地開門，那隻彷彿穿著白襪子的前腳，會伸進圍欄的縫隙中，再使出全力扯……我的新鮮空氣與自由就這樣沒了。

整個傻眼

成為人氣王的方法

我最近常去一間知名咖啡館，店裡那些打扮時尚的客人很吸引我，常常看到目瞪口呆。

也瞬間意識到自己的穿搭有夠掉漆，髮質粗糙又沒整理，腳上一雙穿很久的破鞋，散發著噁心的味道……那是一間店內氣氛和人群都很火熱的咖啡廳，唯一沒那麼火熱的，是我的自信心。

哇，
大家都好帥！

• • •

我回家之後，下定決心也要成為火熱場合之中的焦點人物！第一步就是先上網搜尋其他間熱門咖啡館。但接著打開衣櫃時，發現連件上得了檯面的衣服都沒有，更遑論有得體的包包了。

這簡直讓我心急如焚！難道沒有其他方法可以讓我變成眾人焦點嗎？我看著眼前的五隻貓咪，突然靈機一動。

既然沒衣服可選，就來選貓咪吧。

…

雖然 1 號貓咪很漂亮，但很肥；2 號貓咪有黑色的毛，白色眼睛像寶石一樣閃耀，但卻連一隻腳也扛不動；3 號貓咪雖有歐式簡約風格，但就是愛亂撒尿；4 號貓咪長得也不差，毛就像黑色外套充滿現代感，而且很輕盈；5 號貓咪的個性條紋讓人看了印象深刻，全身像 model 一樣沒有任何贅肉。

我不想太費心思，就分別把 4 號貓咪放在左手臂，5 號貓咪放在右手臂，直接走進之前搜尋到的熱門咖啡店，點了一杯香濃的美式咖啡之後入座。依偎在我懷裡的貓咪開始伸展身子，並且喵喵叫了起來；店裡客人的視線突然全部鎖定在我身上，我感到內心變得火熱，臉也慢慢紅了起來。心中不禁想著：原來成為眾人焦點的感受是這麼不自在。

「哇嗚，快看那個人！」

集合囉！
孝順的
喵星人。
孝順貓咪
選拔賽
會煮飯
會顧家
懂得報恩
鬧哄哄
鬧哄哄

充滿孝心的貓咪選拔賽

我覺得貓咪真的蠻特別的。實在不懂他們為什麼愛抓地板、在被子上撒尿，還有叼著逗貓棒的奇特行為。一個晚上可以有三隻貓咪來回撒尿，看到他們全身沾滿貓砂時真的快瘋了；晚上想進房間一起睡時，又會在房門口一直苦苦哀嚎。不過要我真正放棄期待他們成為乖巧懂事的貓咪，還需要很長一段時間。

在水裡放毛代替茶葉。
這樣叫人怎麼喝？
為了鍛鍊體力而翻越石牆。
下來
晚上唱歌是因為怕你做惡夢。
好吵
為了強化腹肌而坐在肚子上。
無法呼吸

• • •

金勾有天從房裡衝出門外，我哭了一個多小時，也來回跑了社區好幾遍要找他，內心幾乎呈現放棄狀態。他果然不想再當善良溫順的貓咪了，當下只希望他回到身邊，健康又吃的好，就算亂撒尿都沒關係。雖然還是可以活到超過平均壽命，但萬一沒辦法找回來，至少也曾感受到我給予的愛，那就夠了。現在在我身邊的金勾、可樂、浩舜、咚咚和果乾，是最孝順的貓咪，我真的太幸福了！

有沒有看到
這樣孝順的貓咪？
把他們全部抓過來。

一哄而散

你看胖胖的多可愛！

家裡有兩隻一年四季都準備冬眠的貓咪，就是可樂和浩舜；他們肥肥胖胖的程度是即使現在馬上冬眠，幾個月之後也不會消瘦半毫。明明不是在野外生活，為什麼還要這樣囤積脂肪呢？還真是個謎。

他們把身體變得圓圓的再向前滑行，乍看之下很像海豹或熊。我因為可樂肚子的肉實在太多，就放棄修整他的毛髮；而浩舜的身材則是跟臘腸狗差不多。

松鼠在
冬天來臨前
吃果實……
超可愛
慌慌張張
這是我的
飯……

海豹為了冬眠
而增加脂肪……
真可愛
這是
我們家
的海豹？
감자칩
這是我們
家的熊？
真可愛
감자칩
灰熊在冬眠前夕
獵捕鮭魚……

...

美麗的標準很簡單，就是瘦；我因為肥胖而嚮往苗條的身形，長久以來都想遠離肥胖。身材普通的果乾我會多餵一些飯，咚咚在獸醫眼中也是正常體態，但可樂和浩舜只落得被我嘲笑是肥貓的下場;其實想想可樂為了吃飯奔跑時，肚子晃動的模樣，還有浩舜飽滿的背影，每每讓人不禁會心一笑啊。

貓咪若是胖胖的也能備受寵愛，但為什麼人一定要瘦才能得到關注呢？真的好委屈喔。就算為了健康而不得不減少飯量，但若是在健康允許的範圍中，能保持胖胖的身材最好了。

為了瘦身要堅持到什麼時候呢？
愛貓咪的你睜開眼睛瞧瞧呀，
胖胖的貓咪超迷人，胖胖的我們無敵可愛！

每天都會想
逃離一切

我有時在別人身上看到自己的影子：很會發脾氣；明明大家都做一樣的事情，卻抱怨自己的事特別多；午餐時常和別人聊八卦，傾吐自己的辛勞……我以前和那個人擔任相同的職位，在辦公室面臨一樣的情況，覺得全世界就自己最累。當時只要一有空檔，就不斷反覆抱怨很累很煩；現在還是覺得當時很辛苦，但也因為無時無刻都感到煩躁，所以連一件好事都不會發生，煩人的事情也變得越來越棘手。

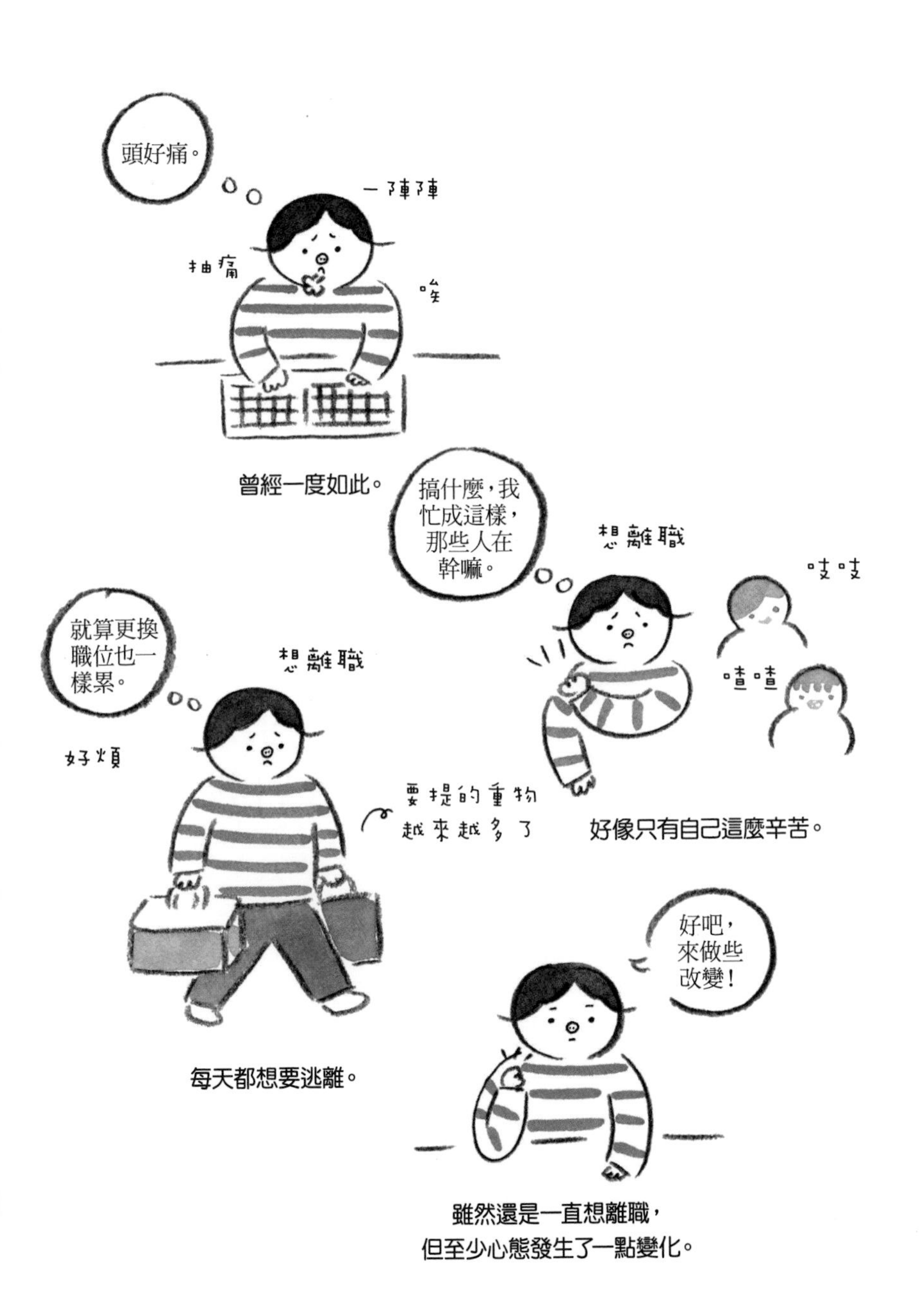
頭好痛。
一陣陣
抽痛
咳
曾經一度如此。
搞什麼，我忙成這樣，那些人在幹嘛。
想離職
吱吱
喳喳
好像只有自己這麼辛苦。
就算更換職位也一樣累。
想離職
好煩
要提的重物越來越多了
每天都想要逃離。
好吧，來做些改變！
雖然還是一直想離職，
但至少心態發生了一點變化。

即使很累也要努力撐下去，
當我完成自己的工作之後，
也要好好的跟大家道別。

• • •

我直到現在才瞭解到不是只有自己在累。在我忙碌的同時，辦公室裡那些乍看在閒聊的人，也各自在忙著公事，從辦公室外頭向內看也是一樣的景象。看起來好像比我幸福的人，其實肩上也背負著重擔；活著本來就是一件辛苦的事，又如何能猜測生活將是沉重還是輕盈呢？

只要改變心態，在職場上的每一天也會跟著改變。越累就越要用微笑來過生活，用笑容來代替不滿，內心會跟著感到正面能量。只要在這樣的氛圍之下，我就會非常認真且卯足全力的工作；一邊做著自己喜愛的事，一邊帶著微笑說再見。

「我在工作的這段時間學到了忍耐的方法，學會如何對自己的工作完全負責。真的很珍惜在這段痛苦的時間中學到的一切。內心抱持著由衷的感謝，再見了。」我要一直等到離別的那天，才能用這樣的方式道謝。

辭職信

我這六年來不斷喊著要辭職，或者想要轉去哪個部門、該怎樣準備面試。雖然剛開始會想要做一些很單純的工作，但隨著時間過去，會清楚自己真正想做的是什麼，於是想要放棄工作來專心畫畫的念頭越來越強烈。

若單靠畫畫可以讓我不會餓死的話，那還能接受，但如果實力不夠就沒有其他辦法了。在進退兩難的情況之下，這次終於聽到內心發出的強烈呼喊：「反正人生只有一次，就算過得很窮酸，也要試著做自己喜歡的事啊。」我也算過退休金了，另外還有一點點負債，一年內持續畫畫還能賺一些生活費。但往後要怎麼過日子還很茫然，光用想的心臟都會忽然跳得非常劇烈。

心臟跳得好劇烈。

終於到了這一刻。

雖然還是會擔心錢不夠用，
但還可以靠畫畫撐個一年。

終於到了遞辭呈的時刻。

...

周遭的人聽了我的計畫，就給了一些建議，最後我跟媽媽通了電話。我媽一接起電話，就知道我要提離職的事；家人都知道壓力讓我身體不適，所以這次媽媽也對我離職的念頭感到無可奈何。和媽媽講了很長的一通電話之後，媽媽拜託我再多做一年，我也延後了遞辭呈的時機。

不過，嚴格來說我並不是因為媽媽而改變心意，而是與媽媽聊到若一整年只專注畫畫，那麼下一步呢？我的日子看起來充滿未知與不安，到時候又要怎麼過生活？如果媽媽一年後向我提出同樣的問題，到時候我又要回答什麼，自己能找得到答案嗎？

和媽媽通話不是為了得到支持，
只要能被理解就足夠了。

媽媽的一番話把我拉回現實。

媽媽也很清楚，
你已經忍受工作
很長一段時間。
但離職是一旦提
了就不能回頭的
事，再多做一年
不行嗎？

媽媽的懇求。

又是辭職信飛走的一天。

蝦子與我

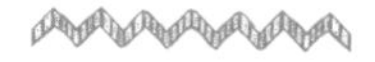

有時會有一整天完全沒喝水的時候，或者一整天都沒去上廁所；甚至還有以上同時發生，並且還要加班的日子。如果加上突如其來的聚餐邀約，就算拒絕了，最後還是被牽著鼻子走，只能放下手邊的工作出席。

當我看到今天的菜單是生魚片，忍不住在心裡開始吶喊：身體已經不太舒服，平常就在吃藥了，現在還要喝酒配生蝦！結果下場果然拉肚子了……只好為自己的體弱多病跟大家表示歉意，請主管盡情多吃一點。對於下班後的聚會，得跟大夥兒大吃大喝感到很無奈。

趙晟恩！
是——
來去吃飯吧
先不要，等等……
快樂星期五
但是我不吃生食
多吃點。
對身體很好喔，快吃。
我們真會吃。
努力
殼都剝好了，快吃吧。

是我吃蝦子，還是蝦子吃我呢？

• • •

大家為我把活生生的蝦剝殼之後，放到我的盤子上；不久前蝦子還活跳跳地充滿生命力，轉眼間就成了盤中飧。雖然我拒絕了好幾次，但光滑的蝦身不斷綻放誘人光芒，所以大家的眼神都不時飄到蝦子上，我只好勉強吞下一隻。才剛因為自己完成吃蝦任務而安心不少，馬上又在盤裡補上了兩隻剝好的蝦子……

為了賺錢付出最痛苦的代價，就是要在星期五的聚餐忍受被蝦子掐著脖子啊！

好加在是貓咪不是人

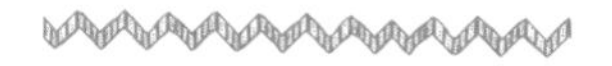

我喜歡那些在記憶中顯得有些模糊的事物……看著身邊有生小孩的朋友，孩子不知不覺竟已國小五年級了，真是讓我大吃一驚。我從貓咪出生就養到現在，忍不住也回想起當時貓咪上小學的景象：金勾、可樂、浩舜當時揹著書包，在家門口喊著「我要去上學囉」的表情，是多麼可愛啊！有時想到還會不自覺地嘴角上揚呢。

送三隻去上學之後，家裡還有沒上學的咚咚與果乾要照顧。我先打掃環境，再買雞胸肉來做大家的零食，並且一起享用午餐。在三隻貓咪放學回家之前，就一邊畫畫，一邊等待家門被開啟的時刻。

吱吱
喳喳
小學生
真可愛。
嗯
這些傢伙是人，
不是貓。
喵嗚
2006年生
叩叩
2006年生
夠夠
2009年生

我們要去上學囉
好好跟同學玩，要乖乖聽老師的話喔。
3歲
我也想去上學
7歲

咕嚕
可樂又偷吃朋友的零食了。
老師，對不起
媽媽，我又尿褲子了。
快點脫褲子！
嗚嗚嗚
同學說我毛茸茸的。
貓咪毛多才美啊！
你不要哭了。
哈哈
你們還是好好地當貓就好了。

・・・

日常中若能發揮想像力，是很有趣的事！不過想到一個程度也會讓我倏地退卻……可樂總是以搶食別人飼料為樂，去學校應該也是愛搶朋友的零食吧；浩舜應該很容易因為朋友無傷大雅的小玩笑，就敏感地開始哭泣；金勾則喜歡到處亂尿尿。

所以我得先向可樂的班導師道歉，再把金勾那滿是尿味的褲子拿去洗，最後來好好地安慰浩舜。

我在笑意中結束了無限的想像力，真的好加在只是貓咪呀。

為愛起舞吧！

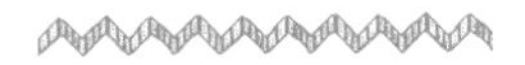

寒冷的冬日，我瑟縮著身子走在路上，突然聽到沙啞的貓叫聲。我環顧四周，看到有隻小貓蜷曲在停車場冰冷的柏油路面，還好陽光有帶來一些溫暖。獨自在玩耍的貓咪，模樣逗趣討喜，還有可愛又帶點性感的喵喵聲，害我呆看了好一段時間。

之後仔細看才發現原來旁邊有一隻頭很大的貓咪，把臉貼著地面，小貓則在冬日的陽光下，很有活力地唱歌；這完全是屬於他們的燦爛時光啊。頓時間我明白了，往往眼前看到的，並不是全部的事實。

細微地陽光撒在冰冷的柏油路上，野貓則散發出愛的眼神。

有時候不禁想著，有多少貓咪出生後必須過著艱困的日子，尤其是冬天還要殘酷地在路上求生，那麼是不是乾脆不要出生比較好呢？但單單是冬天微弱的陽光，就可以讓他們開心起舞了。所以人也不要再害羞了，儘管相愛吧，那麼就算是寒風也無法阻擋你們的快樂。

我們也可以像貓咪那樣相愛啊，在微弱的陽光下一同起舞吧！

溫柔地
離開人世

每當需要巨大勇氣才能活下去時，我就會想到死亡。想到某些人如果到了生命盡頭，阻礙我前進的障礙物也如同灰飛煙滅了，心裡頓時舒坦許多。如果能選擇自己最喜歡的方法離開人世就好了。

在深夜中聽到有什麼在耳邊向我低語，睜眼一看發現是隻長得很像果乾的黑貓，是要帶我離開人世的使者嗎？他很親切地問我最後的願望，我表示想來杯香醇的咖啡。

我們坐在一起喝咖啡，心情很平靜，回顧一路走來的歲月，慢慢忘掉以前後悔的事情。人生雖然無法心想就事成，但還是要毫不退縮地勇敢依照內心想法生活，我想這點我是絕對不會後悔的。

死神降臨了。

又黑又小的死神詢問我最後的願望。

死神伸出溫柔的手。

貓咪說：「喝完這一杯，時間也差不多了吧？」貓咪邊說，邊向我伸出又白又小的手。我就這樣溫和地死去了，毫不擔心死後會遇到什麼事；就算是要下地獄，我也會毫無畏懼地一步步走在無盡的黑暗中。

那邊有什
麼東西？
我也不
知道呢。

能夠療癒離別傷痛的貓咪

某次聖誕節過後，J 和男友分手，帶著失落的心靈來到我家裡。她不喜歡貓咪，所以剛開始只要有貓咪出現在身邊，就會被嚇到。我們午餐後泡了茶喝，一邊閒聊著離別的話題。隨著時間過去，J 漸漸適應有貓的環境。相較於屋外的冷冽，屋子裡很暖和，黃色燈光更增添了柔和與溫馨感。原本因為突然的訪客而緊張的貓咪，也不知不覺地在各自的窩睡著了。

剛分手的J，很難過的打給我。

唉，你也累了
萌~

對啊，好像真的是
這隻貓咪叫可樂啊？
叩叩
姊姊好

可樂好像喜歡上你囉。

立刻上傳IG
哎唷，真的好可愛。
喀擦
嘿呦

聊天聊了好一陣子之後，就播起音樂然後各自看書。如果隨時想要聊什麼，只要跟對方使個眼色就可以開始聊天。J 來到我家的時候還很難過，到了傍晚果然和緩許多。安靜地看著貓咪熟睡的模樣，也有助於釐清混亂的思緒。J 不僅決定下次還要來，甚至會開始主動尋找貓咪的蹤影呢！而且無論是貓毛會飄進剛泡好的咖啡；抖一下身上的毯子，貓毛會漫天飛揚，她通通都能忍受了。看來 J 和貓咪越來越親近了呀。

貓擁有撫慰情傷的魔法。

貓咪也不怕 J 了。例如當可樂跳到 J 的膝上時，J 因為驚嚇而把可樂撥開，可樂還是在她身邊徘徊。備受貓咪安慰的 J，現在也投入了新戀情；雖然不常來我家玩，但看到她的幸福模樣，我也很替她開心。

夢想中的工作室

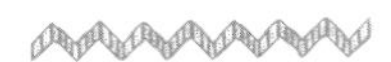

只要提到一個詞，我就會立刻很興奮，那就是「工作室」！就算是在煩惱隔日工作的進度，心裡還是念念不忘最喜歡的工作室。

那裡是採光極好、播放簡單曲調音樂、溫暖而讓人感到愉悅的空間。我一早就會進去工作，在濃濃咖啡香中認真作畫，午餐後坐在沙發上看本書。如果要更完美的話，那就再到附近的公園散散步，鄰近天黑時剛好可以帶著輕鬆愉悅的心情回到工作室。

想像一下這個夢想中的情景，有助於減輕心中的壓力，讓我即便非常睏倦了，睡前三十分鐘還是會堅持畫畫。我決定即使生活中備感壓力，還是不能放棄想要高飛的夢想。

生命中最珍貴的兩件事

很久以前的人，竟覺得腸胃炎可能會致命，現在想想有點好笑。不過，我也想到自己的生命確實有可能瞬間消失，一切都淹沒在無盡黑暗中，到時候，誰來照顧貓咪呢？他們半夜哭鬧的時候，誰會輕輕拍打他們的屁股？誰會清潔他們的牙齒？甚至他們會不會因此性情大變呢？

我有時會想起和貓咪一起畫畫的時刻，也會想畫自己的肖像；但我就算沒有畫這些，還有很多畫家可以完成很好的作品……總之，我還是有很多想畫的東西啊。

幾年前突然肚子劇痛。

甚至要用爬的到廁所。

一直痛到筋疲力盡。

命喪黃泉。

除了畫了不下百次的貓咪，我也想繼續畫花、樹、鳥、昆蟲和季節更迭；腦海常常浮現繪畫靈感，這些未實現的靈感，就像幫助我前進的能源。多虧了腸胃炎，我找到了生命中最珍貴的兩件事：貓咪和畫畫。

多虧腸胃炎，讓我找到生命中最重要的事。

日常生活

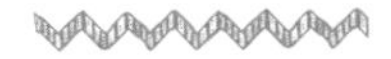

在秋日耀眼的藍色天空下，午餐後買了杯咖啡，順路跟同事走到公園；呼吸著清新空氣，葉子時而飄落在操場上，景色非常漂亮。

但即便美景當前，我的心思還是飄回家了，眷戀毫無變化的日常生活。像是睡到自然醒，精神好才拿起吸塵器打掃，準備食物給喊餓的貓咪，再張羅咖啡給自己當早午餐。只要喝完咖啡，腦袋就徹底清醒了。

果乾有睡得很飽嗎？
喵嗚~
呼嚕
呼嚕
吸塵器的聲音很可怕嗎？
轟~
多吃點唷。
嚼嚼嚼
咔啦咔啦
啊

• • •

貓咪吃飽後就陸續進入午休時間，我趁機開始畫畫，一邊聽著音樂、屋外鳥鳴、學生路過的嬉笑聲和斜對面學校的鐘聲，畫累了就停下來看書。

貓咪在天色漸暗時陸續醒過來，我整理了隔天上班需要的東西，晚餐前做些簡單的運動，晚餐後繼續白天未完成的畫作，也可能看電視或上網。睡前餵點零食給貓咪，再幫他們清潔牙齒，一天就這麼平凡無奇地過去了，這是沒有什麼變化的居家日常。

然而這又是我內心深處感到最美麗迷人的一天。

認真

下午畫畫。

照顧好貓咪。

不能這樣
干擾我喔。

做運動。

又結束了平凡的一天。

我愛那單純又安逸的日子。

第二章

貓咪和我的日常

刺眼
趙晟恩會慵懶的季節
睏

慵懶的季節

在慵懶的季節裡，日子一天天像河水般流走了，一併帶走了我的身心靈。可以說是單純的一天，但其實就是毫無建設性的一天；當畫畫的夢想和未來的不安感同時襲來，就得等上好幾個月才能開始工作。

慵懶季節過後的忙碌季節，又讓人寸步難行，從早上睜開眼睛到入夜躺在床上的這段時間，都像是在草叢裡邊開路邊翻山越嶺。雖然並不輕鬆，但可以藉此培養能力，以後就越來越能面對這樣的日子。我一邊過著慵懶的季節，一邊相信總會有能力足夠的那一天。

夏天就好好地用睡眠度過。

努力運動。

在咖啡廳簡單地畫點東西。

常常抱起貓咪。

又到了繁忙的季節。

特別愛
理毛的貓

我不滿意自己很多地方，像是肚子上那團討厭的贅肉、臉部的老化跡象，而且每天都有不一樣的變化。我已經想不起來上次覺得自己漂亮是什麼時候了，忍不住嘆了口氣。

正在認真理毛的浩舜，也用奇怪的眼神看了我一下；他理毛時會用前腳沾點口水，先清理臉，再彎腰從容地梳理肚子上的毛，最後連尾巴也不會漏掉。其他貓咪也會做同樣的事，但浩舜似乎花最多時間理毛。

肚子這麼大怎麼辦？

我的肚子超可愛。

皺紋跟毛孔等問題怎麼辦呢？

就算有眼屎也不影響我美麗的臉龐。

跟浩舜學習如何有自信地躺著。

浩舜彷彿用全身的力氣吶喊著：「全世界我最珍貴～」明明肉多到走路時都快拖地了，偶爾還會黏著眼屎，鼻子上也有鼻屎，但浩舜早就完全不在意。所以我就算肚子凸出來、毛孔跟火山口一樣寬，無論如何都要跟浩舜一起吶喊：「我．很．漂．亮！」

面對喜愛的事物
就絕不妥協

金勾和可樂是哥哥，優雅的浩舜是常被欺負的姊姊；咚咚和果乾雖然也常欺負浩舜，但她總是能輕巧地閃開，再跳到更高的地方躲藏。

不過只要到了吃飯時間，浩舜就會立刻現身，轉眼就把餐點嗑光。咚咚則是一口一口慢慢地吃，整顆頭都埋進碗裡了；就算想用前腳阻擋浩舜搶食的進攻，但還是失敗了，可憐的咚咚只好無奈地離開飯桌。

蠻不在乎的浩舜。

遭到咚咚和果乾的騷擾。

還會遇到容易發火的我。

找金勾打鬧。

...

果乾的飯碗也無法倖免於浩舜的侵占，甚至比咚咚的更加容易得手；浩舜只要稍微前進一步，果乾就直接投降了。如果浩舜可以在吃飯時間的進食排行榜奪冠，但為什麼一吃完飯又會上演你追我打的戲碼呢？或許浩舜教會我的是：面對自己喜愛的事物就不要猶豫，無論感到再大的恐懼，都要緊閉雙眼並直接出手！

面對咚咚和果乾的浩舜。　　浩舜會在吃飯時間突然改變個性。

今天又再次向浩舜學習了。

內心世界像醬油碟

當生活中遇到很多困難的時候，我不會抱怨，但是會羨慕那些即便面對冷嘲熱諷，還是能保持平靜溫和的人。他們很樸實地默默承受，我想成為這樣有深度又充滿自信的人。

但我個子矮小，只要遇到比較累的事就立刻覺得煩躁，也會杞人憂天；就像活在一只醬油碟裡一樣，還妄想和世界連結實在有點可笑。沒什麼大事的話，就輕鬆地度過每一天吧。

用碗比喻人的話，我就像是醬油碟。

我羨慕那些擁有社會歷練，
像大碗一樣的人。

醬油碟太淺，所以常常溢出來。

但某天發現碟子裡可以裝進貓咪。

• • •

隨著時間流逝，我倏地發現碟子裡除了我，還裝著五隻貓咪！頓時彷彿嗅到春天的氣息，是有月亮照拂的美麗季節。雖然我還是會因為風吹草動而惱怒，些許疲憊就足以讓我發牢騷；但現在我知道碟子裡裝著美麗的事物，包含我們各自獨特的模樣，和不同大小的世界。

天空裝著月亮。

也裝著春天。

以我的樣子和大小裝進我的世界。

小黃狗帶來的安慰

和人相比，動物更容易在陌生場合產生情感，自然在當下會和他們較為親近。我家門前的停車場有隻鼻子和耳朵都很醜的小黃狗，旁邊有隻白貓，白貓似乎很喜歡小黃狗。我明明是站遠遠地觀察，仍引起小黃的警戒心，讓我有些不安。

我每次去廁所都會看看窗外的小黃，自從他戴上頸圈後，好像沒有看過他散步；只要主人出現，小黃都會開心地搖尾巴，但我從沒看過主人摸摸他。出太陽的時候，小黃會為了曬太陽，將身體伸展到極致；然後只要有路人經過，他的耳朵就會豎起來。

...

我剛到任的時候，和同事間還很陌生；是小黃打開了我心裡的鎖，讓我開始和同事變得熱絡。

其實我平常很想做某些事，卻屈服於生活壓力而做著不想做的事，因此覺得自己很可悲；當我看到小黃狗，覺得我們的處境很像。但是我們心態不一樣，小黃並沒有自憐，即便被栓在小小的空間，也無損於他的好奇心。這讓我覺得自己好愚蠢，決定現況下我能做多少想做的事，就盡量去做吧。

雖然小黃完全不知道我的存在，但我卻因為他而得到莫大安慰，所以也決定未來也能在自己沒有意識到的情況下，給人安慰與鼓勵；這不為了什麼，單純希望哪天也能默默地減輕他人背負的壓力。

可以從辦公室二樓的樓梯
看到外面門前的小黃。

小黃就算被拴住，
也時刻處在開心的狀態。

雖然小黃完全不知道我的存在。

每每我工作累了就會去看一下小黃。

從小黃身上得到安慰與鼓勵。

在不知不覺中給予他人正面能量。

星期五的覺悟

我在某個星期五去上班的路上，突然下定決心今天一定要冷靜地處理完該做的事；我會嘗試深呼吸，事情再多也要避免面露不悅，以免因臨近下班時間而亂了陣腳。這樣調節是為了解除星期五加班的厄運，可以按照完美的節奏順利銜接下班時刻。

但人算不如天算，這時突然聽到主管呼叫大家集合開會！開會時，我的眼神忍不住開始渙散，但不敢正大光明地看看已經幾點了；看到會議室外的同事已經開始收拾準備下班，我忍不住想著自己也好想下班……但還是懷著比平時更慎重的態度，一一認同主管提出的要點，並寫下筆記。還好會議比我預期的更快結束。

已經過了下班時間還要開會。

接受禮拜六還要加班的事實。

全部情緒都順利忍住了。

因為今天是快樂星期五啊。

星期五晚上終於下班了！但是收拾東西準備離開的同時，又收到訊息通知隔天要上班……本來內心又要大爆發的，但轉念一想，明天的事明天再說吧，便耐著性子離開公司。一到室外，立刻為了清新的空氣而欣喜；畢竟忍了一個禮拜，終於到了快樂星期五呀。

某個連貓咪都興奮的星期五夜晚。

亂尿尿的金勾

雖然已經跟金勾共處十一年了，仍未減損他在我眼中耀眼的程度：白底混黃橙的毛色、萊姆色的大眼睛，端正的鼻子下方卻是粉紅色的嘴巴，顯得特別可愛；是隻外型壯碩但個性非常溫和的貓咪。

金勾是隻很棒的貓咪，但就跟人類一樣，再棒都不會是完美的，例如說：金勾超愛亂尿尿。貓咪的一大優點是擅長清理自己的屎尿，但金勾完全相反；回想當他四個月大的時候第一次尿在床上，誰知道十年之後，他一樣尿在床上……

外表非常壯碩。

金勾是我最痛的那根手指。

當時金勾的獸醫跟我說過體型特色。

總是無預警地在床上偷尿尿。

金勾的目標

金勾十一年來持續發動尿尿攻擊。

我真是備受虐待。

• • •

金勾第一次亂尿尿是很久以前的事，當時他滿足的表情還歷歷在目，不幸就在那天揭開了序幕。就算嘗試塗抹牙膏或各種怪招預防金勾亂尿尿，但只要稍稍鬆懈，床鋪馬上就被尿濕了。就算我每天都洗床單，汙漬還是不斷累積成好幾十個。

我忍了一年多，最後決定關房門，徹底隔離金勾，就算他在客廳大哭也不心軟。而這些明明不關可樂的事，但他竟然也跑到房外，和金勾一起吵著開門，害我無法好好入睡。

但原來事情不會因為關房門就一勞永逸，因為金勾擴張了尿尿區域，從地毯、包包、沙發，連衣服也不放過；十年後，他已經肆無忌憚地在客廳撒野了。

一年前發生金勾奪門而出的事件。

我邊哭邊跑，找了整個社區。

社區服務中心的攝影機捕捉了金勾
跑到地下道的畫面。

找金勾找了一小時，我也哭了一小時。

…

其實我平常都可以忍受這些事，但如果工作特別繁忙加上身體不舒服時，再遇到金勾亂尿尿，就會頓時火冒三丈。雖然是我主動帶回家的貓咪，但這隻愛亂尿尿的臭貓咪，也著實讓我抱怨不少。

我因為貓咪所以都緊閉門戶，搬家的時候，金勾竟趁隙偷跑出去。其實我是過一陣子就氣消的人，此時我忍不住哭了起來，甚至哭到視線都模糊了，還是一邊拔腿狂奔，在社區逢人就問有沒有看到貓咪。

最後，才在社區服務中心的攝影機看到他跑出大廳，跑進地下道之後躲在黑暗角落，全身發抖。尋找金勾的那一個小時，對我而言像是一年之久。

• • •

我覺得能找回金勾，是我過去十一年來最幸運的事，突然覺得金勾亂尿尿也沒什麼了。之後我再也不對金勾發脾氣了，就算因為半夜忘記關房門，讓金勾趁機跑到枕頭上撒尿，也成了一件美好的事。因為我寧願整間房間充滿尿騷味，也好過見不到金勾。

然而某天，金勾竟然捨棄了客廳，跑到浴室尿尿，尿完還用前腳扒抓，試圖湮滅證據……金勾是我的撒尿寶貝，也是我的最愛。

就算亂撒尿又如何呢？
我最愛的貓咪呀，要乖乖在我身邊喔。

充滿冒險的日子

雖然可樂是男生，但每每看到他，我腦中就會浮現白雪公主的樣子：雪白的臉、烏黑的頭髮、青綠色的眼睛、粉紅色的嘴唇。可樂美麗的模樣總讓人不禁回頭多看幾次。

而他的內心是喜愛挑戰的冒險家呢！曾經從二十四樓摔下去，也曾吃過殺蟲劑差點喪命。但可能因為現在有年紀了，不能像以前一樣走跳高處，所以心態在這十一年來變得穩重許多。

可樂從小就深具好奇心。

可樂兩個月大就征服了曬衣架。

原來跑進冰箱裡冷藏了。

可樂視殺蟲劑為美食，
害我帶他飛奔至醫院。

從二十四層樓高一躍而下。

可樂跑進滾筒洗衣機，
差點昏倒在裡面。

每當可樂做出不可思議的事情，
我的心會瞬間墜地。

如果可樂是男人，
無論多帥都要拒絕他。

• • •

可樂擁有太陽般的明亮開朗性格，我的肚子和膝蓋是他的遊樂場，好脾氣讓陌生人也不會怕他，再加上俊俏的臉龐，簡直擁有人見人愛的魔法。如果他是男生的話，追求者應該多得數不完吧！

但是他的冒險心，應該沒有人的心臟吃得消……可樂曾經跑到冰箱跟洗衣機裡面，是我對他印象最深的兩件事。有這種個性的貓咪應該還不少，才會說貓有九條命吧？

可樂什麼東西都想吃吃看，我也為此疲於奔命：至今已吃下超過十支竹籤，把棉花棒當零食。甚至兩個月大的時候，就吞下超過二十公分長的繩子！當下我抱著他直奔醫院，還好最後有吐出來；我也為了這些冒險行為，一路走來投入許多愛與關懷給可樂啊。

騎車時不
能放開雙
手啊！

五千元的女神

和貓咪像家人般相處久了，會淡忘一些事。五隻貓咪裡，只有果乾和咚咚是撿回來的，其他都是用買的。金勾是我在網路上搜尋 DAUM 咖啡店，花了兩萬元韓幣領養的。可樂是花了三萬元韓幣向人家分養的。我畫的作品《MUSE IN CITY》裡漂亮的三色浩舜，則只花了五千韓幣。

現在的浩舜像女神一樣高高在上，但初次見到他的時候，是隻營養不良的乾癟貓咪，戴著超重的頸圈，坐在小學生的肩膀上。

兩個社區裡的小孩，抱著浩舜晃來晃去。

戴著超大的狗鍊。

我花了五千元，
帶回這個喝牛奶會拉肚子的孩子。

浩舜完全不像愛撒嬌的金勾與可樂。

雖然浩舜擁有美麗外表，
但內在是敏感刻薄的歐巴桑。

個性從小就養成了……

不知道從何時開始，
只要浩舜出現在身邊，
就足以讓我開心了。

…

我某天看到小學生哭得很慘，連眼睛都張不開了，一問之下才知道，他爸爸讓剛出生的小貓喝牛奶後拉肚子了。我邊安慰小學生，邊掏出我口袋裡所有錢，跟他說：「小朋友，小貓咪看起來很痛苦，我們一起帶他去看醫生好嗎？」

這時他旁邊的朋友插話道：「要是貓咪因為一直拉肚子死掉怎麼辦？姊姊要賠喔！」

不過小朋友收了我提議的五千元之後，就把浩舜抱給我，興奮地跑去買炒年糕就不見人影了，浩舜就這樣成為家裡第三個孩子。雖然家裡貓咪很多，但我畫中大部分的主角都是浩舜，他給我很多靈感。有時不禁會想，如果沒有浩舜，我現在還會畫畫嗎？今天就姑且稱浩舜為五千元的女神吧。

苛薄的浩舜若突然展現寬容，反而會讓我不安。

雖然浩舜讓我搞不清楚究竟是在養貓還是侍奉女神，
但我還是喜歡她。

這隻貓咪
長得真難看

雖然知道不能外貌協會，但初見果乾時還是嚇了一大跳，因為真的是不誇張的醜啊：眼睛感染結膜炎、似乎有許多跳蚤的耳朵感覺很髒、顴骨露出、背部骨頭下垂。我本來沒有想要養他，只是暫時收留直到有好心人願意珍惜這隻可憐的貓。

我很不會取名字，就依照他在家中的年齡排序和黑色鼻子，暫時叫他果乾（譯註：韓文的黑色為乾、鼻子為果）；反正他不會在這裡久留，他未來真正的主人可以再好好幫他取名字。

因為是暫時收留，我沒有想要培養感情，但慢慢的我也花了不少醫療費在果乾身上，心疼他半夜大哭的聲音，而且他只要看到我，都會用下巴磨蹭我……

擁有三隻貓的人生已經很滿足了。

果乾真帶來許多麻煩。

我當時因為工作與生活而疲憊萬分，
果乾的心情看起來好像跟我不相上下。

要先幫你找回健康，
才能找到溫暖的家。

治好果乾的結膜炎、耳朵和腹瀉之後，
就畫畫發傳單幫他徵求主人，
結果乏人問津……

隨著時間過去，
果乾最後還是變成家人了。

從沒想過我還會再養一隻貓咪。

…

雖然果乾恢復健康了，但長相是不會改變的，所以我連一次領養服務處都沒去諮詢；我的感情隨著果乾長大，也慢慢增加，但三隻貓的負擔已經夠重了，不可能再加一隻。但果乾慢慢突破我的心防，最後還是成為家裡的一份子，我才發現自己早就沒有依照原先預定的計畫了。

雖然是勉強才讓果乾成為家裡的一份子，但果乾卻是第一個和我像情侶般相處的貓咪。我們常常抱在一起磨蹭臉頰；連在我心裡有著特殊情感的可樂，都無法在我懷裡入睡，果乾卻可以睡得非常香甜，並發出很舒服的聲音，頓時讓我成為世界上最幸福的人。

我知道人與之人之間的緣分很神奇，但果乾讓我領悟到，人與貓之間的緣分更加神奇。

可愛的果乾呀，如果當初沒有被我帶回家的話怎麼辦呢？ ♥

辣炒年糕店裡的蝴蝶

有一天我迷路來到了陌生的地方，穿梭在巷弄間走不到大馬路，來來回回的困窘模樣引起路人關注。就像是被街上的車水馬龍逼到分隔島花圃上的蝴蝶、意外搭上巴士的蜜蜂、滯留在電梯裡的飛蛾、被香味誘引飛進 pizza 店的麻雀……

我有天出差時因為肚子餓，就到一間老字號的辣炒年糕店用餐；這時發現有一隻蝴蝶飛進店裡，不過店裡沒人理會那隻蝴蝶。

出差的時候吃了炒年糕。

有隻蝴蝶在店裡飛來飛去。

...

應該穿梭在花叢中的蝴蝶，怎麼會飛進辣炒年糕店呢？如果是剛飛進來，應該很快能循原路出去，但偏偏蝴蝶一直找不到出口。如果他能再稍微飛低一點，我就能用手接住他，小心翼翼地放生到外面。

蝴蝶最後找得筋疲力盡了，慢慢收起翅膀，停在天花板上。蝴蝶知道有出口，就一心一意的拼命尋找，我不禁想是否只有人類會明明知道出口在哪裡，但不願意走出去。人類可能很清楚現況不是自己要的，也知道自己想要處在什麼位置，如果可以轉換，就會讓內心輕鬆許多。但是基於對新生活的恐懼，最終還是有千萬個藉口停留在原地。

這隻被風吹進來的蝴蝶，若得到出口在哪裡的指引，就會毫不猶豫地往出口外的花園飛去；我也有勇氣往屬於我的地方出發嗎？

找不到原本的地方，心中對未知充滿疑惑。

為什麼人即使很清楚出口在哪裡，也無法一走了之呢？

我的
位置
OPEN

我是
週日畫家

夢想會讓我開心與難過。我每天都惦記著要畫畫，但根本騰不出時間；以前平日晚上還會勉強抽空畫畫。半夜十二點時撐著快闔上的眼皮，打開乾硬的染料蓋時劃破手指導致流血，那段期間累積的壓力瞬間爆發，疲累加上一時的情緒起伏，我大哭了起來。

現在想起來還是很難過，因此曾下定決心不再畫畫，要放棄無用的夢想；但果然過不了多久，心中因為背離夢想而隱隱作痛。

我在網路上無意間知道一位畫家
Henri Rousseau，他平時擔任海關，
星期日才畫畫，因此被稱為週日畫家。

看來我也是週日畫家囉。

平日晚上下班後早已精疲力盡。

我在書桌前坐不住，
就跑到床上去睡了。

到了週六還是不足以解除
一週的疲勞。

調整到禮拜天就進入了
可以畫畫的最佳狀態。

不過很快又會因為禮拜一將至而變得煩躁。

…

我每次下班後回到家，躺在床上會發現所有想法都消失了，連食慾也逐漸減少。我覺得不能繼續這樣，所以又開始嘗試畫畫。為了不影響平日作息，就選擇週末認真畫畫，既然禮拜六還無法完全恢復體力，那禮拜日畫畫是最理想的了。

像我寫這篇文章的此刻，也是禮拜天晚上九點二十分。不過今天還有一點待辦事項，眼看著禮拜一就要來了，心裡跟著著急了起來。不過無論開心或難過，都要持續抱有夢想，而週日畫家的一天，也即將畫下句點了。

我不想被禮拜一、二、三、四、五、六追趕著，
希望能成為自在的畫家。

自我感覺良好的貓管家

我的模樣和社會定義的美麗相差甚遠：小個子、肥胖、眼睛雖大但眼距很開、扁鼻子。但如果要定義什麼是討人喜愛的貓咪，要求可能很不一樣，貓咪不管胖瘦、眼睛大小、有花斑或黑點、短腿什麼的，都一樣可愛有魅力。但如果我的條件變成貓的話，會是什麼樣子呢？

我現在才知道，我的大眼睛、扁平的鼻樑、又短又粗的大腿、鬆垮的屁股、凸出的小腹……應該會是隻又胖又可愛、討人喜歡的貓咪吧！搞不好還是所有貓咪之中最得寵的，接收所有人的喜愛！

滑手機的時候。

果乾是不是覺得被我這個巨大的同類照顧著。

就說我很美吧！下輩子一定要當貓。

凌晨才梳洗的真正原因

下班回家吃完晚餐之後，好像有點要感冒的跡象，而且已經是這個禮拜第二次了，應該要去床上休息一下。沒想到我一躺就起不來了，沒有盥洗所以整張臉油膩膩的，沒刷牙也讓我心情很糟，但還是不願意睜開眼睛。有時候會突然驚醒看看時間，凌晨四點才跑到廁所照鏡子，看見蓬頭垢面的自己。

「唉，應該要先洗臉的。」

所以天都快亮了才開始刷牙洗臉，而且突然想起母親。

媽媽以前很常在沙發上睡著。

半夜才起來洗臉。

我始終無法理解媽媽
為何不洗一洗再睡。

隨著時間流逝，我也出社會開始上班了。

漸漸地很容易回到家就睡著。

凌晨驚醒後突然感到煩悶。

再拖著沉重的步伐到廁所，緩緩地洗臉。

• • •

媽媽下班後吃完晚餐，看個電視就會睡一下，即便客廳燈光明亮還有電視聲，她一樣睡得香甜。醒來洗完澡後，又會自言自語地說要再睡一會兒。當時尚未出社會的我，總是很晚甚至到凌晨才睡，發現媽媽會在那時起來梳洗。我當時完全無法理解的是，媽媽和我不一樣，她非常勤快，做事從不拖泥帶水，但為何偏偏這件事會這樣呢？

貓咪聚在廁所門口，廁所燈光讓他們一個個把迷濛的雙眼睜開；難道是因為聽到水龍頭的聲音，以為我在準備他們期待已久的早餐嗎？我剛刷完牙的口腔，散出清爽的薄荷味，再用毛巾把臉擦乾，覺得好舒爽。明天一定要好好地做家事，趕一下畫畫進度，而且一定要把全身洗香香再睡覺。

出社會工作前，還無法理解凌晨四點才要洗臉的人生，
以及時間的壓迫感。

內心調色盤

在下班的路上，雖然身體已經離開辦公室，但心還留在那裡；我不喜歡這樣，所以寧願在搖晃的公車上拚命滑手機，讀一些完全沒有用的文章。

就算想讓眼睛休息一下，但只要視線離開手機，思緒就會飄回辦公室，內心雜亂得像是沒有留白的調色盤。

到家之後我會拿出貓咪的玩具擺弄，屁股也跟著玩具搖晃的節奏擺動，大概比任何一隻貓咪玩得還起勁。這種放鬆就像大量的自來水，沖去內心調色盤上的汙濁顏料，壞心情消失得乾淨溜溜。

特別忙碌的一天。

口氣不佳的前輩令人不適。

內心像是各種顏料混在一起的調色盤。

回到家看著孩子。

偷偷伸向貓咪的玩具。

只要揮舞逗貓棒，好像就能揮別受傷的心靈；
再揮第二下，就能趕走明天要上班的煩惱了。

工作和生活越辛苦，越是要認真地和孩子一起跳躍、一起歡笑。
我內心的調色盤又變乾淨了。

自食其力的痛苦

直到開始自食其力，我的人生才算是真正開始。用自己賺的錢吃飯、買書、看電影、養貓咪、學畫畫；甚至還製作自己的畫冊，雖然還不是很精緻。

我很欣慰自己能夠獨立，成為真正的大人。但難過的是，如果沒有賺錢，這些通通做不到。我在職場承擔的責任與壓力，內心越來越不快樂，在人前卻都要保持笑容。再這樣下去，我已經很清楚十年後的生活會是什麼樣子了。

我和貓咪開心野餐的時候，工作找上門了。

我邀請工作一起來郊遊。

工作把籃子交給我。

籃子裡裝著生活必需品。

原本以為可以讓野餐更豐富。

只要一天天堅持下去，撐個十年以上的話，或許就可以擁有一間首爾的老公寓了。雖然不能買很貴的衣服，但每季都能添購新衣；一兩年會出國旅行一次；無論賺多賺少，都能固定給父母零用錢。雖然不會大富大貴，但只要照顧好自己的身體，就不會讓人擔心。

我體會過經濟困難的痛苦生活，所以懂得珍惜，但當我過著只有貓咪和畫畫的生活時，內心卻很忐忑地懷抱著夢想。並不是我禁不起考驗，而是我很期待未來的生活；我當然喜歡錢，也喜歡珍貴的日常生活，所以如果工作和生活能更和諧的話，人生就更完美了。

於是，我很清楚只能先切割時間，為了喜愛的事物而必須忍受工作壓力；珍貴的事物就在我身邊，就算不是很遠大，但是只要看一眼，我都會心甘情願地先和工作獨留在墊子中央的。

墊子上只剩下我和沉重的工作。

有奶油麵包的日子

在香酥的麵包之中，夾進厚厚的奶油，就成了奶油麵包。一口咬下會流出濃郁乳脂，像在口中演奏交響樂一般盛大華麗。再搭配一杯熱咖啡，幸福到差點把家裡貓咪拋諸腦後了。

我在週日起得較晚，秋日陽光很溫暖，但只要風一吹又立刻感到寒冷。走去公共工作室畫畫的路上，會經過一間麵包店，我買了奶油麵包和咖啡才去工作室。工作室附近的小黑狗縮在一旁睡覺，雖然很冷但我還是打開窗戶、拉開窗簾，迎接鳥鳴與陽光，在位置上好好享用餐點。

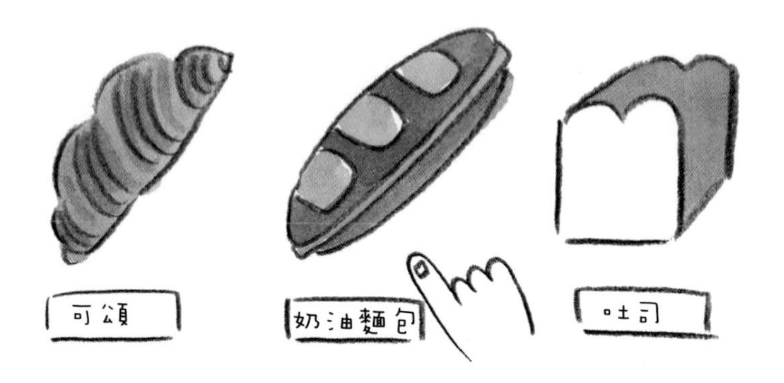

週日早晨睡醒後，以輕盈的步伐走到麵包店。

我每次都會買香氣格外誘人的奶油夾心麵包，我特別喜歡它的酥脆口感，每次都告訴自己先吃一半就好，但開心的時候還是會瞬間嗑完全部，再一口氣喝完咖啡，最後才覺得可惜。

店裡還有賣牛角麵包、有嚼勁的吐司、鋪滿起司的麵包……最近一定要先吃個奶油麵包才有動力工作；在擁有奶油麵包和咖啡的週末工作室，光想就令人雀躍。

今天是奶油麵包日

啦啦啦

小黑你好，
我今天買了
奶油麵包。

開心

在公園
遇見貓咪

世界上有很多種快樂，像我有天很快吃完午餐，再到附近安靜的公園坐坐。有位老奶奶坐在長椅上，旁邊有個鐵籠；我直覺裡面應該有動物，或許是隻狗？就在我猜測的當下，老奶奶突然開口了：「小姐，這裡面是隻貓喔。」籠子裡有條被子，這時突然鼓了起來。

每天的開心時刻。

超開心的時刻。

各種情感

沒有新鮮事物的平凡日常。

瞬間消逝的喜悅。

• • •

原來老奶奶家裡在施工，實在很吵就把貓咪帶出來了；剛好他想回家一下，就請我幫忙顧貓咪五分鐘。老奶奶離開之後，我從被子的縫隙看到貓咪圓圓的眼睛，是隻三花貓呢！

老奶奶很快就回來了，感覺很疼愛這隻貓咪，他甚至笑稱這隻七歲的貓咪，比自己的女兒還漂亮。當她知道我也養了隻三花貓時，他像是找到同好般開心地說：「三花貓真的很漂亮、很可愛吧？」完全沉浸在貓咪的話題裡，分享著人與貓之間的溫馨故事。貓咪是我快樂的來源之一，我常常感受到他們帶來的單純快樂。

單純的快樂

第三章

用可愛的事物平衡生活

無盡的
夜晚

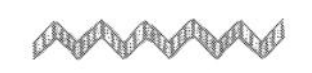

一年之中，

只有在冬季的某天夜晚，

星星不會閃爍，

也沒有月亮。

我坐在一張舊椅子上，

慢慢畫畫，

時而看書、看著夜空，更看著心愛的人。

這是一個漫長的夜晚，

會讓你的心靈熠熠發光。

我會在這樣的夜晚，

做自己喜歡的事情，

直到完全滿足為止。

一年只要有這麼一個冬日夜晚就好，

希望有魔法能夠實現這個願望。

在這段時間隨心所欲地做喜歡的事。

為什麼時間過得這麼快。

隔天要上班所以該睡了，
不安感也隨之降臨。

渴望能擁有不會結束的夜晚。

向貓神許願

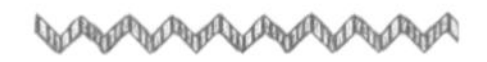

我一開始沒有想到要五隻貓咪相伴，單純是喜歡貓咪而已。直到二十七歲時想養貓，才把金勾帶回家，十一年來，家裡不知不覺有了五隻貓咪。

雖然因此發生很多有趣與幸福的事，但一次養五隻貓咪其實是非常吃力的，這時我真的很想問問貓神究竟在何方？

我負責貓咪的事物

11年前
10年前
7年前
3年前
現況

• • •

我忍不住向貓神尋求答案：「為什麼要讓我擁有五隻貓呢？養貓會讓我變得有錢嗎？」我從小就很想養貓，甚至向貓神祈求好長一段時間，希望貓神「大方地賜給我可以和我幸福生活的貓咪吧」；貓神或許是應允了我的願望，才安排五隻貓咪，所以此刻貓神聽到我的疑惑應該很無言吧。

所以我要跟想養貓的人說：「貓神都有在聽你的願望，而且他記憶很好，會大方應允的。」所以想養貓的人如果亂許願，或是許太多次願望，家裡可能就會得到滿滿的貓咪喔！

等著看
我怎麼
實現你的
願望吧。
但貓神給我
五隻貓咪
真是太多了。
5 歲
貓咪。
想養
貓咪。
還是只
有自己。
15 歲
25 歲

趙晟恩
美甲店

雖然我養了十一年的貓，但還有很多相關細節要學習。我最近學會兩種技能，一個是貓咪吐的時候，快速拿碗來接。養貓的人都知道，腸胃很好的貓也可能吐得亂七八糟，清理熱呼呼的嘔吐物真的會讓人心情不好;而飼料如果吃得太快更容易吐，吃越多當然吐越多。

用碗接當然是很好的方法，但成功率不是百分之百，我前幾天就失敗一次了，所以浩舜的嘔吐物沾滿我的皮包。而我學會的另一個新技能，就是剪浩舜的指甲。

趙晟恩美甲是十一年老店。

就算只是剪指甲，還是會遇到各種客人。
像是堅持不要的抵抗型。

全身都交給你的放鬆型。

剪前腳沒問題，但討厭剪後腳的敏感型。

還有即使討厭也不反抗的逆來順受型。

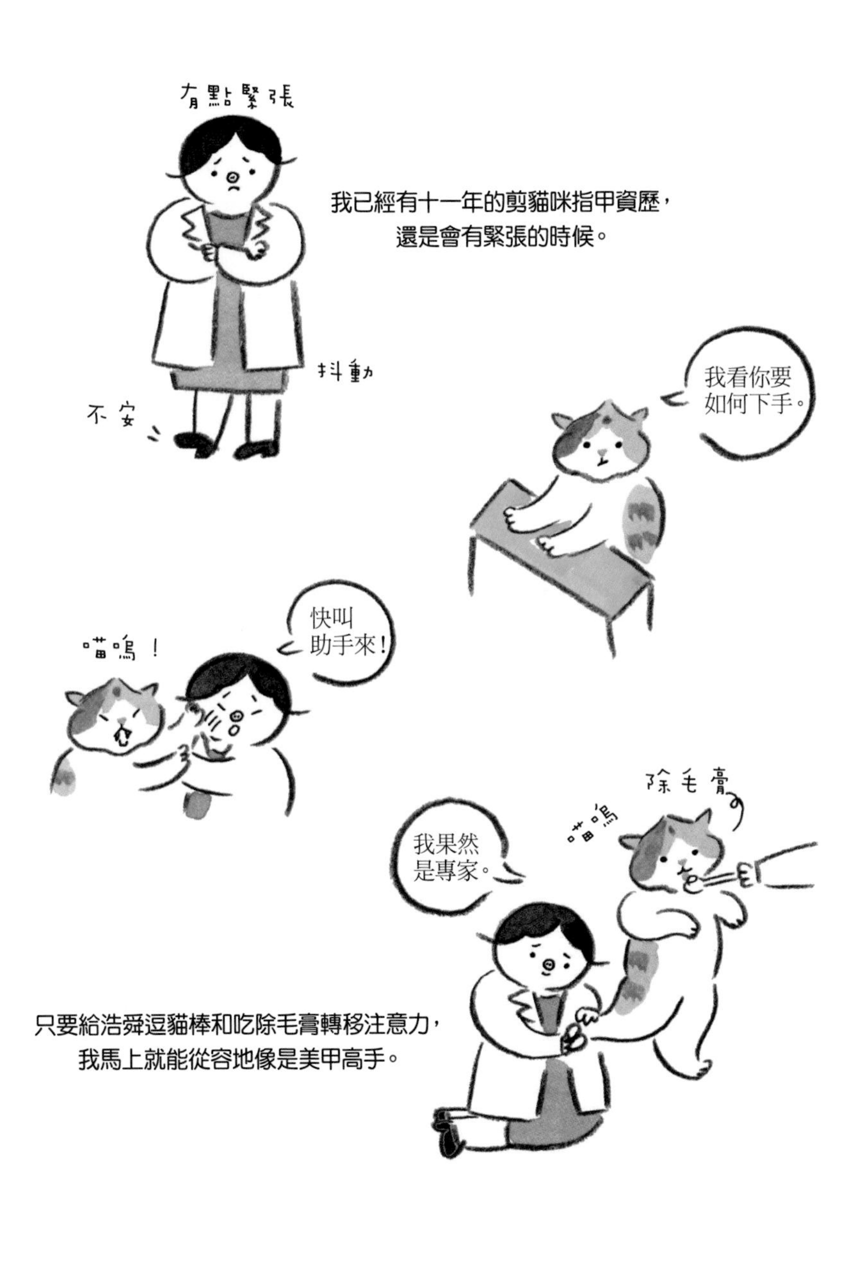
有點緊張
我已經有十一年的剪貓咪指甲資歷，
還是會有緊張的時候。
抖動
不安
我看你要如何下手。
喵嗚！
快叫助手來！
除毛膏
喵嗚
我果然是專家。
只要給浩舜逗貓棒和吃除毛膏轉移注意力，
我馬上就能從容地像是美甲高手。

• • •

或許有人會問，貓指甲不是很好剪嗎？其實並沒有喔，尤其每隻貓個性都不一樣，所以我五隻貓就有五種剪法。

第一好剪的是可樂，就算他有一百隻指頭要剪，也會開開心心地毫不抗拒；第二簡單的是金勾，雖然溫順但指甲很厚，所以剪的時候要注意一下；第三名是咚咚，雖然他會擺臉色，但謝天謝地他能忍耐整個過程；第四名的果乾會邊叫邊用臭尾巴打我的嘴。只有浩舜，剪指甲時會變成一隻野獸，不知道為什麼，他就是超級討厭剪指甲，總是對我又抓又咬，我一煩也乾脆幾個月都不剪他的指甲。

現在發現用浩舜最愛的逗貓棒與除毛膏來轉移注意力，效果是最好的；只要他吃得很享受，就完全不會被其他事物影響。我現在才發現這個簡單的方法，真不知道這幾年是怎麼熬過來的，未來也要繼續朝著成為完美管家的目標邁進。

隨著我的自信心上升，顧客群似乎更廣了？

有一位女孩叫咚咚。

生活在東大門的咚咚

據說少女咚咚以前經常窩在東大門，瘦小纖細的身軀總會引起路人注意；善良親切的她不會隨意打擾別人，肚子餓的時候就輕輕地爬到人家的膝蓋上，再小小聲地喵喵叫。

當咚咚要來和金勾、可樂、浩舜和果乾一起生活的時候，大家都擔心纖瘦的咚咚會不會被其他貓咪欺負。然後就在貓咪相見的那一刻，咚咚像是瞬間脫去端莊文靜的韓服，使盡力氣將壯碩的可樂打得鼻青臉腫，不服輸的咚咚可是一點都不軟弱啊。

少女咚咚。

咚咚一進到家裡馬上來個下馬威。

可樂馬上被咚咚制伏。

連果乾也逃之夭夭。

身形壯碩但性格溫和的金勾，看到咚咚抬起一隻腳的時候，就知道她要幹嘛了；只有不長眼的小學生果乾，一下子就被咚咚壓制了。在東大門生活的文靜咚咚不見了，從穿韓服的少女，換裝成穿著學校制服的隊長，手下還有四隻貓咪呢。

睡前滑個手機。

忽然哭了起來。

還哭了好一陣子。

因為我看到把貓咪送到
彩虹橋的故事。

喜歡貓咪的你

我看到網路上有人發文看到巷子裡有隻貓咪，我臉上不自覺露出喜悅的表情，但我很想知道貓咪後來是否安全，可是此刻的我除了坐在這裡打字，又能做什麼呢？

若有人的貓咪離開，變成了天上的星星，我也會忍不住跟著落淚，回到家會更用力抱緊我的貓。

不單是為了貓咪才盡全力照顧，而是如果貓咪好好的，我們這些愛貓人也會感到很幸福！

當我抱一隻貓咪在懷裡時，我知道能窩在主人懷裡，是每隻貓咪最希望得到的溫暖。

同樣身為愛貓人的你，未來還會迎接很多快樂跟傷心的事。

你現在是
我的貓咪。

他不是我的
貓咪，要關
心他嗎？

雖然不是
我的貓咪，
但是好可愛
啊。

怎麼辦，
貓咪好像
生病了⋯⋯

我在深夜裡流淚，為那些失去貓咪的
主人感到惋惜。

害怕將來自己也會經歷
那些離別傷痛。

我知道貓咪會帶來很多快樂，但遇到悲傷也要一起承擔喔。

拋開黑色，
來點繽紛色彩吧！

貓咪也改變了我的日常生活。他們擁有的魔法有時會讓我變得懶惰，也可能讓我變得勤勞，充滿動力地為人生付出。當然每個養貓的人，狀況都不同；但至少我因為貓咪充滿色彩的力量，人生變得多采多姿。

我很喜歡黑色的衣服，翻翻大學時期的照片，會發現我連夏天都穿黑色襯衫，還笑得很燦爛呢。因為穿黑色會顯瘦，所以我就不用考慮其他顏色了。

如果有人這樣問，會怎麼回答呢？

應該會稍微猶豫之後就這樣回答吧。

養貓之前，我最喜歡穿黑色衣服。

結果黑色衣服特別容易沾貓毛。

黑色衣服慢慢消失了。

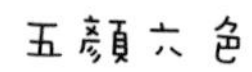

衣櫥裡的衣服有各種顏色。

色彩

繽紛

連畫作也五顏六色。

多虧貓咪讓我的生活多采多姿。

• • •

養貓之前曾聽人說過貓很會掉毛，但當時我很疑惑他們小小的身體能掉多少毛？結果養貓之後，就陷入貓毛的泥淖當中了……雖然洗衣機可以洗淨衣服上的貓毛，但沾附貓毛的速度比洗衣服的頻率還快！我就這樣幾乎淘汰光所有黑色衣服，買衣服的時候會特別選不容易沾毛的材質，或是沾了毛也看不太出來的顏色。原本一片黑漆漆的衣櫃，就此變得明亮起來，只有褲子是黑色的。

而困擾大概是偶爾參加喪禮的時候會有點尷尬，因為找不到全黑的衣服穿。可能是受到衣服的影響，現在畫畫也朝五顏六色的路線發展，雖然不知道是好是壞，但總之這是貓咪帶來的特殊力量。

這就是
貓咪的特別力量

想要
重新來過

如果問我春天是從什麼時候開始的，

我應該會說就是這個時候吧。

本來還穿著毛線衣，卻在冰天雪地中發現木蓮花，

吵鬧了整個冬天的小鳥，開始忙碌地銜咬樹枝築巢，

我也在路上嗅到了春天的氣息。

脫掉厚重的冬季衣物，頓時讓人感覺輕鬆許多，

我想要好好整理思緒，讓所有事情重新開始。

還是穿毛衣的寒冷冬日，
卻發現了木蓮花。

鳥兒忙碌地築巢。

鳥兒開始唱歌。

春天就這樣來了。

是喝醉酒
摔倒了嗎？

浩舜有次跳躍時弄傷我的額頭，隔天同事紛紛問我發生什麼事。我自恃有著十一年的養貓經驗，說出實情不是很丟臉嗎？所以就說是在家不小心摔倒撞到家具。

結果對方說：「是喝醉時摔倒的嗎？」

如果我說是，對方就不會再對傷口有疑問，但肯定會把我當成酒鬼；同時如果被朋友知道了，一定會馬上知道我在撒謊。

啊啊
明天要怎麼
跟大家說呢？
是喝得
太醉了嗎？
我跌倒
撞傷了。
嘿嘿

浩舜，
快洗好
了喔。
嘩啦
嘩啦

啊！
碰

打了辛苦的
一戰，腰好
痛喔。
不斷
刺痛

我……
搬很重的
行李。
嘿嘿
怎麼受傷
了呀？

• • •

我的傷口是不規則形狀，只有銳利的貓爪抓得出來，如果能說實話的話心裡就舒服多了。像我去年常常幫五隻貓洗澡，下場就是常到中醫診所報到。如果是洗像浩舜這樣的胖貓，還要哄她讓她不要亂動。有次我不小心在浴室跌個四腳朝天，腰嚴重扭傷卻還要繼續洗完兩隻貓，大功告成後，我的腰也動彈不得了。

中醫師問我受傷原因，我含糊地說是搬太多重物，但那也是事實啊！可樂和金勾加起來有七公斤、浩舜五點五公斤，果乾和咚咚分別有五公斤和四公斤。我一一抱著幫他們洗澡，腰就成了現在這副模樣，同時也常常被他們的利爪抓傷。

看看貓咪做的好事

• • •

帶可樂和浩舜就醫時，為了讓獸醫順利診療，我試著安撫被嚇壞的他們，手也就這樣被抓傷了。貓不會無緣無故攻擊飼主，但畢竟是動物，所以不管個性多溫和，都可能在特殊情況下弄傷人。

當我在動物醫院治療被抓傷的手，旁人也知道貓咪不是故意的，所以看到時忍不住笑了出來。我從來不會因為被抓傷而生氣，很多人對貓咪不夠瞭解而害怕，但其實只要小心就可以避免被咬。總之，我已經不知道為了傷口撒了多少謊，但至少都在今天說完了。

不過，大家應該也覺得身上要有一兩道貓抓痕，才算是稱職的好管家吧！是吧？

貓咪也會
迎接春天

萬物都會在春天來臨時重新開始，我的習慣是整理一下自己需要哪些東西，可能是薄外套或好聞的身體乳液，還有為了運動時穿的輕便瑜珈服。

上網選購時，購物清單又增加了深粉色皮鞋和尺寸適中的手提包。我本來只想買幾樣東西，但越逛就越買越多。像是為了買罐身體乳液，卻在逛了網站之後，多買了保濕霜、眼霜、晚安面膜……最後連清單上真正要買的外套都沒預算購入了。我想到存摺餘額所剩無幾，才不得不停止血拼，否則手指就像中毒一樣不聽使喚。

一隻貓會呼喚其他貓同來。

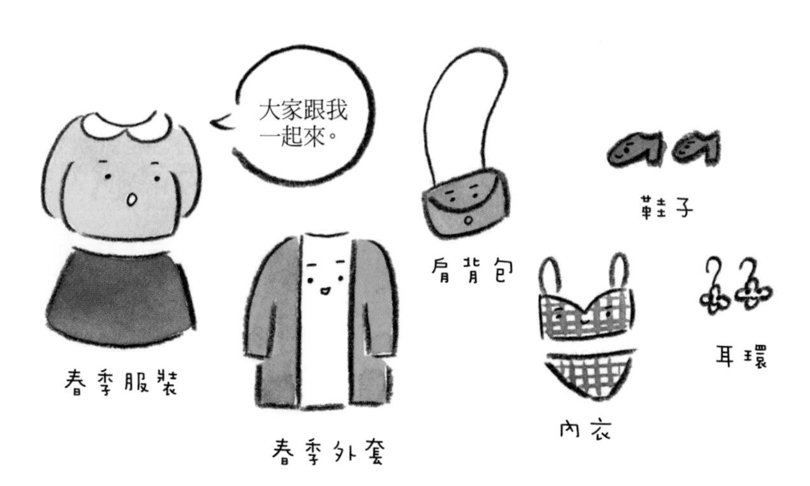

我的清單也會呼喚其他物品，
最後買也買不完。

我深陷在購物網站的深淵。

我的大腦彷彿深陷在購物狂潮中。

貓咪也準備在春天換毛。

• • •

當寒冷的冬天結束，就迎來了溫暖的春天。貓咪也跟著轉變，毛掉得比平常還多，身體看起來也輕盈許多。微弱的陽光從陽台照進來，也許還有些微寒意，但開窗之後就算不特別注意窗外景色，也似乎可以嗅到春天的特殊氣息。

春天來了，為萬物帶來希望，鳥兒也跟著活潑了起來；人和貓也會用單純可愛的方式迎接春天。

想想會覺得其實就算沒有那些可愛的手提包，也可以活得很好；甚至不買深粉色皮鞋，繼續穿運動鞋反而更好走路。何必為了迎接春天而這樣亂花錢呢？想一想好像就沒那麼必要了。

之後遇到春天，應該要像貓咪一樣：抱持著輕鬆簡單的心情迎接。

用輕鬆的體態和心靈迎接春天吧。
為什麼人要為了春天準備這麼多東西呢？

討厭的人

生活中難免會遇到不合的人，我知道花力氣去討厭人是很無聊的事；雖然我表面上都會裝著冷靜且不在意，但內心情緒卻是暗潮洶湧。尤其被不重要的人否定時，我都不會馬上反擊，所有委屈只好往肚裡吞，連自尊心也受到傷害了。

呃……
呃……
遇到討厭的人。
也會遇到討厭的貓。
應該要這樣才對啊。
是……
常常想起和那人鬧得不愉快。
只是上廁所，幹嘛打我？
我討厭姊姊。
不爽
不開心
一直處於消極態度。
那隻貓常常想起不開心的事。

...

我此時垂頭喪氣，心情很差，突然想起村上春樹寫的《關於跑步，我說的其實是……》，書裡說：「如果遇到憤怒的事，就轉而對自己出氣吧，當成一種自我鍛鍊。」所以心情很差的那天，我就跑去運動了！跑步時會想起幾次那個人暴怒的樣子，但我努力調節呼吸，同時將注意力放在雙腿。

其實就算激烈運動之後，回家躺在床上，還是會想起那個討厭的人，那個超討厭的人，那個超級無敵討厭的人！但我已經發洩得很足夠了，心情也慢慢緩和，最後也沒有那麼討厭那個人了。怨恨的心靈總有一天會消失，期待自己可以更加成熟。

如果無法避免被責備，那只好欣然接受（至少我這樣想）；如果無法接受，
我會選擇跑步，
而且跑得比之前更快更遠。

結果就讓自己的肌肉變強壯
不爽的時候就對自己發脾氣
當作鍛鍊心靈。

我想起村上春樹《關於跑步，我說的其實是……》書裡的一段話。

比平時更賣力運動。

比平時更賣力理毛。

雖然憤怒沒有因此消失，但至少轉念將其視作原動力。

希望我們都能面對那些傷害我們的人。

貓咪變身
辦公室職員

我在星期一早晨懷著沉重的心情準備上班，當看見正在吃早餐的貓咪，很想直接在他們之中挖個洞躺進去，不過我當然知道不行。那如果直接帶貓咪去辦公室呢？最高大的金勾可以幫忙拿行李，前腳很有力的可樂幫忙拿文件，浩舜可以爬到桌上用筆電，至於果乾就負責影印跟泡咖啡啦。

若能這樣看著大夥兒工作的樣子，那麼無論星期一上班再煩人，嘴角還是會忍不住上揚吧。

呼呼
真羨慕。
嗯？
浩舜，
起床囉
嗯？
可樂，
起床囉。
我們
一起上班吧！
?
?
?

若能借用貓咪的手做事，每天工作都會很開心吧。

我要把最重要的交給咚咚。

誰再囉嗦就堵住他的嘴巴。

‧‧‧

如果貓咪能一起到公司，當我在淒涼的辦公室感到內心疲憊的時候，還能把臉貼上貓咪溫暖柔順的背，精神應該會為之一振。同時不要忘記交付特別任務，給家裡排行第一可怕的咚咚姊姊——誰囉嗦就給我堵住他的嘴！

我和貓咪是共同體。只要我和五隻貓咪形影不離，不管多累人的事，我們都可以做得很好。

因為我和貓咪是共同體，沒有人可以拆散我們。

吃素初體驗

我很喜歡動物，有次看到娜塔莉波曼受訪的新聞，她為了實踐愛護動物的信念而變成素食主義者，聽起來真的很酷。我也覺得牛、豬、雞、海洋生物等都很可愛，也不禁思索真的一定要吃他們嗎？就決定以尊重生命為出發點，開始挑戰吃素。

因為是第一次挑戰吃素，所以先從不吃牛、豬和雞開始，倒也堅持了七個月。我最大的領悟是，要在韓國當素食主義者其實非常不容易，餐廳幾乎沒有為吃素的人準備的餐點。

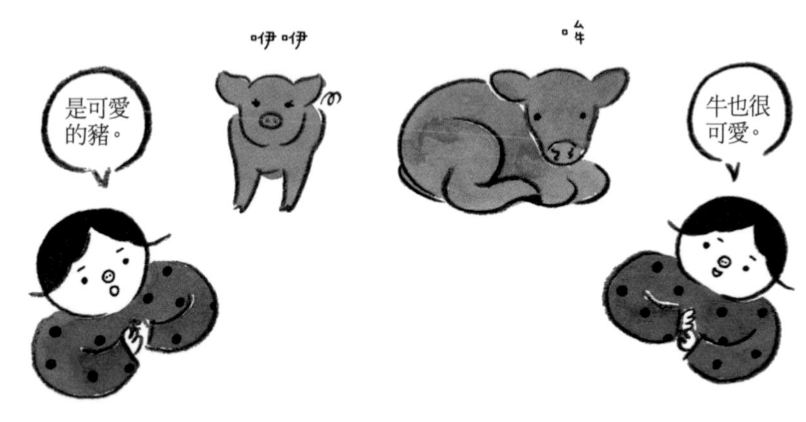

草莓牛奶色的小豬超級可愛。

小牛的眼睛像星星一樣閃亮。

不是才說豬很可愛，
怎麼就在吃烤大腸了。

就算被電影《牛鈴之聲》感動了，
隔天還是照吃牛肉。

…

之所以在韓國很難成為素食者，是因為就算點豆腐鍋或大醬鍋，也多少會有肉的成分；歐姆蛋裡面會夾火腿；如果和同事聚餐吃烤肉，我若只吃生菜包飯，一定會招來異樣眼光。這時就算直接開口解釋，得到的回饋也不是太好，像是問你：「難道只有動物可憐嗎？蔬菜水果也是生命啊。」

吃素期間我去英國旅行一個禮拜，在那裡吃素是件很輕鬆的事，每間餐廳都有素食料理，連搭火車都有素食便當。

在整個努力吃素的七個月，也是工作壓力最大的時期，健康也亮紅燈，醫生甚至告知會有落髮的可能。

為什麼可以又可愛又美味呢？

為什麼我內心這麼想，
身體卻不受控制？

餐廳裡的水族箱裡擠滿海鮮，
我忍不住盯著看。

我今天沒辦法吃海鮮⋯⋯

…

醫生說吃素也會導致身體變得特別虛弱，不能再繼續吃素了，建議我恢復正常飲食。其實我上班時也會因為吃素，午餐變得很難打理，或者遭遇別人異樣的眼光。所以也感謝醫生這樣建議我，短期的素食計畫就這樣告一段落了。這段時間除了恪守不吃牛、豬和雞，甚至因為一段時間沒有吃了，之後好像也不會想吃了。

我現在恢復吃肉了，有篇文章甚至說有孕婦為了孩子健康，放棄吃素。我還是覺得肉很好吃，提供肉品的動物很可愛。

等我之後將混亂的思緒好好平靜下來之後，可以為了淨化內心再嘗試吃素一次。

還好貓咪吃肉。
你還有選擇的餘地。
豬、雞、魚、蝦都好可愛！到底要吃還是不吃呢？
一位素食主義者的吶喊

用流浪
代替上班

我有一段時間很討厭進辦公室，那時躺在床上準備睡覺的時候，都會覺得自己是世界上最可悲的人，忍不住就哭了起來。哭到累了才能緩緩入睡，但這時天也差不多快亮了，又要準備去上班了。那時身心跟沙包一樣沉重，雖然害怕還是盡量堅持下去；先說服自己踏進公司很快就下班了，再握緊雙手、抬頭挺胸地出門上班。

那時也不知道自己還能撐多久，只能努力的堅持下去。

想到要上班覺得快瘋了。

希望可以就這樣出門……

然後搭上通往機場的巴士。

往濟州島出發吧！

⋯

我要出門然後搭上開往金浦機場的巴士，剛好和公司也是反方向。毫無計畫地選一班飛往濟州島最早的航班，手機關機，工作、家人和貓咪全都拋諸腦後。

我要在遼闊的大海面前，搭配一杯香濃咖啡，忘卻一切煩惱。我慢慢往森林深處走去，一邊聆聽蟲鳴鳥叫，一邊享受美好的風景。

看過海景、享受過森林浴之後，再轉而漫步到黑色石牆砌成的小巷弄。我會不斷探索，不會回頭；一步接一步地邁進，我的心將引導著我的腳步。

沿著海岸邊散步。

想喝咖啡想很久了。

到人煙稀少的森林裡觀賞植物。

走在頗富情調的石牆巷弄之中。

我適合慢步調

我一直覺得自己個性很急躁，面對堆積如山的事情，就好像有人在後面拿槍逼我盡快完成一樣。我連洗澡都像洗戰鬥澡，幾年前我在浴室準備洗澡時，竟發現嘴裡還嚼著飯菜。那天明明是假日，也沒有任何行程，到底為什麼要急著把飯吃完呢？

之後我就重新自我檢視，究竟喜歡什麼、討厭什麼，才真正認識自己其實是適合慢步調的人，不需要急躁地完成每一件事。

我在好不容易能悠閒享受的假日，
低頭欣賞蒲公英。

我一邊哼歌一邊散步。

散步時發現草叢裡有隻小鳥。

心裡覺得很奇怪。

在職場上要卯足全力奔跑。

運作到過熱的心臟，
到了下班後也難以平靜。

原來我以往都是被逼著飛快前進的。

…

我喜歡慢慢走路，每走一步，就邊環顧一下周遭環境。會為了停在蒲公英上的蜜蜂駐足、聽到鳥叫聲就會尋找他們的蹤跡、天空浮雲慢慢飄動的樣子也引人入勝。我很認真地享受自己在空間中的存在感。

這段期間勉強自己的身心追隨別人的速度，真的也累了。雖然我還是在職場上全力衝刺，但心裡很清楚這不是我想要的速度；所以為了盡可能保留自己該有的速度，如果有些事情不急迫的話，我會先冷靜下來，好好思考之後再行動。

我想要過著慢條斯理的生活。

總有一天會實現

要是我始終堅持畫畫就好了，我希望自己可以永遠這樣喜歡畫畫。我看到別人優秀的作品時，都會覺得自己應該也做得到，他們為了突破某些境界而努力練習，但我與其追求完美境界，倒是更想用愉悅的心情作畫就好，所以這八年多的畫風看起來都很鬆散。

既然我沒有出眾才能和鋼鐵般的鬥志，只有一般般的實力和不想放棄的態度，是如何堅持的走到今天呢？我想應該是多虧了豐富的靈感吧。

技法完全
沒進步。
抖抖
扭扭
算了，還是
來睡覺吧。
唉呀，
不畫了。
唉呦
你幹嘛
呀？
!!!
靈感
終於來了！

畫神
如果你是要畫貓，那我就帶靈感給你。
你來了啊。
洗手間
你好髒，我要閃了！
唉呦，我的肚子
你好噁心，我要走了。
我會整理乾淨的。
既然貓咪這麼可愛，那我要先走了。
不行！

• • •

當我心中又湧現堅持不懈的動力時，就會努力地把腦中圖像畫到紙上。但過於依賴靈感的結果，就是表現的起伏落差會很大，有時可能好幾個月連一張都畫不出來。可能因為桌面凌亂、腸胃絞痛、貓咪干擾等等，靈感就瞬間消失，不禁自問：難道已經畫不下去了嗎？

但我會在萌生放棄的念頭之前，先草率地完成新畫作；因為即便沒有靈感，我還是能憑藉單純的興趣一直畫下去。

我是因為興趣而畫畫的趙晟恩，雖然畫風笨拙，但我畫到第十年也要繼續做一位靠興趣畫畫的人。我真的很喜歡畫畫，也經常畫畫，你會喜歡我的畫嗎？

如果沒有靈感，
還能當畫家嗎？

我會等待靈感，從旭日東昇，等到日落西山。

等到枝頭樹葉都落盡為止。

最愛觀察
可愛的貓咪

我最喜歡悄悄地靠近窩在床腳的貓咪，靜靜躺在他們旁邊，一直盯著看。我會輕撫貓咪粉紅色的肉球，喜歡看他們前腳沾口水之後擦臉的模樣；彎起身子為了舔到全身的毛，那個樣子在我眼中也非常可愛。接著趁貓咪睡著的時候，把臉埋進他們的肚皮並輕輕撫摸，我就能帶著愉快的心情入睡；貓咪睡到一半還會突然扭動起來，伸伸懶腰，那張可愛的臉就躺進了我的手心。

我本來以為時間才沒過多久，沒想到不知不覺就快速流逝了；就算有魔法給我二倍的時間，但是和貓咪的快樂時光是永遠不夠用的。

即使太陽都不要下山，一天都不要結束，但世界上的樹葉還是會落盡，天上的星星也會消失。但只要和貓咪在一起，我永遠不會感到時間流逝……

歲月不停流逝。

只要是和貓咪在一起，說不定就算宇宙裡的星星都爆炸了，
我也還感受不到時間流逝。

獨處的時間

整個上午辦公室都鬧哄哄的，我的腦袋也糾結在一起。到了中午雖然和同事吃午餐氣氛也很好，但偶爾實在需要有獨處放空的時間。這就像是在水裡憋了整天的氣，要暫時呼吸一下新鮮空氣。

真搞不懂他在想什麼。

就連對貓咪而言，

擁有獨處的空間，

也是必須的。

在公司不停與人打交道。

要是我消失在這間辦公室。

想要自己吃午餐。

帶本書去咖啡館。

我透過深呼吸讓腦袋清醒片刻，邊品嚐香濃咖啡，邊想著喜愛的事物，享受著不用強顏歡笑的時光。只要進到黑暗的辦公室，就只能盯著窗外模糊的陽光，此刻深深覺得被解放了。有位同事也進到店裡點了杯咖啡，我和他對了一下眼，原來他也需要獨處時光啊！沒錯，我們確實是需要獨處放鬆一下。

讓我無法忘懷的獨處時光。

為了值得期待的事努力

為了賺錢，只好忍受許多不喜歡的事情。像是出差參加兩天一夜的研討會，最後的午餐時間我繼續說服自己，一定要忍住想衝回家的心情，只要再撐一下下就結束了。

適逢溫哥華冬季奧運的溜冰比賽，我邊吃飯邊觀賞選手金妍兒的演出，他真的美到快讓我落淚了。

看完比賽之後，同事一如往常地提出既然都到這裡，那就去 KTV 歡唱吧！說也奇怪，此時我卻突然很想畫下金妍兒在場上的美麗姿態。

灰暗人生
再見了。
我的人生
從此綻放
光彩。
終於轉為正職員工了。
新買的洋裝
就算腰痛
也要忍住。
穿成這樣
很難做事。
就算害怕也
要忍住。
念大學時
沒學過
嗎？
這是
？
冷言
冷語
一定要好好撐下去。
就算想回家
也要忍耐。
nice
唱得
真好！
啊~悲慘的愛情
這些跟我想得完全不一樣。

哇！
金妍兒
好美喔。
選了James Band Medley的音樂
我看見金妍兒精彩的表演。
腦袋裡像是有個尖銳的
東西在刺著。
不能再這樣
下去了。
讓我做一件喜歡的事吧！
我要畫自己
喜歡的東
西。
興趣優先
從此開始畫出自己想要的作品。

…

我是做好萬全準備才踏進職場的，結果還是和我的期待有極大落差，每天都在忍耐中度過。鬱悶的時候，要有點期待才能繼續撐下去，這時我想起了深埋心中的夢想……對！就是畫畫。不是被強迫拿起畫筆，而是發自內心的創作，就這樣在回首爾的路上，到美術學院登記成為一般會員。

我彷彿走在漆黑的街道，抓著夢想這條細繩慢慢往前走；這條繩子的終點或許不是出口，甚至可能回到原點，但我都無所謂。我很感謝心中的這條繩，陪我撐過無數次的傷害與落空。

第四章

就是用這種感覺過日子！

跟很熟的人才能說的話

我想公開一個秘密：只有和我非常親密的人，才會知道我養了五隻貓咪。出了社會最好不要談論私生活，尤其職場氛圍很保守，不知道他們會怎麼看待養了五隻貓咪的人，所以我寧願不說。

不過就是有人會很想對你敞開心胸，同時也想要進一步認識你；我有好幾個朋友都是離職之後反而跟我更親近了，我會看好時機，再告訴他們我是非常喜歡動物的人。

準備階段：打招呼。

第 1 階段：表明自己喜歡動物。

第 2 階段：表明自己喜歡貓咪。

第 3 階段：表明自己有養貓咪。

最後階段：表明自己養了五隻貓咪！

⋯

中午和同事吃飯的時候，如果遇到有人在遛狗，我就會分享自己很喜歡狗，如果對方回應他也喜歡，那我會很開心；當然無論他喜歡或討厭動物，都不會影響我對他的看法。

如果知道對方喜歡動物，我就會再進一步透漏自己尤其喜歡貓咪，如果對方也是，我的內心就會隨之雀躍。當然也有人覺得狗比較可愛，貓的眼睛有點可怕，但我不會因此對他失望。而是會持續打開心房、拉近彼此距離，等待時機成熟時，再透露我有養貓。

知道我有養貓的人，我都會分享手機裡的貓咪照片，並且請他們務必保密。由於關係已經很親密，所以他們有事沒事都會關心我的貓咪，或者問問第一隻養的是哪隻貓咪等等，慢慢地再用自己的方式記住五隻貓咪的名字。任何一個知道我養了五隻貓的人，都跟我變得更親近了。

拉近了你和我的距離

下大雨的上班日

坐在辦公室的時候，如果外頭開始下雨，就會忍不住想回家。雖然雙手還忙著打字，但雨滴已經打開了記憶的門，我生命中的每個雨天，全都有生動的回憶。

小時候，當雷聲與風聲響徹家中每個角落，我和弟弟會躺在全世界最溫暖的被窩裡看漫畫，邊聽著媽媽收看家庭主婦必看的歌謠節目。

思緒又立刻跳轉到學生時代，準備考試的我回到空無一人的家，我打開窗戶通風，再坐到床上閱讀。整間屋子黑漆漆的，只有我的房間亮著。在這棟安靜的屋子裡，我暫時拋下教科書，品嚐著像蜜一樣甜的課外讀物。

嘩啦
嘩啦
下雨了。
想起那些下雨的日子。
答答
答答
弟弟小恩
姊姊講故事給你聽。
嗯嗯。
嘩啦
嘩啦
內容真有趣啊。

雨天和朋友一起看恐怖片，
真的超嚇人的！記憶中的雨天，
幾乎都是在家裡度過的。

隨著雨聲越來越大，
我就越想飛奔回家。

有次雨天待在朋友家，那是獨棟的漆黑住宅，下雨時候光是走到廚房都有點害怕。朋友與我蓋著棉被看恐怖片，一邊還不時用手遮住眼睛，但有時光聽聲音就足以嚇得冷汗直流了。

不知不覺雨已經停了，但心早就回到家中了。家是每天都會回去，但依然是心中最想念的地方；那裡有貓咪、棉被和書，全世界最溫暖的地方。

籠中鳥

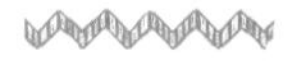

人永遠都在面臨選擇。如果想做就做到底，想放棄就乾脆放棄的話，大概就找不到很想做但做不到的藉口了。

我的人生像是被囚禁在籠中，我坐在溫暖陽光與璀璨風景之中，很羨慕鳥兒可以自由地飛到空中，真想像他們一樣。我在籠子的出口邊拍打翅膀，滿心想要高飛，此時，突然看到旁邊掛了副鎖匙。

我去了最愛的畫展。

我在畫作前領悟到……

原來我被馴服了。

我是隻被馴服的小胖鳥啊！

我被關住，
但其實好想
飛出去。
但你脖子上
就掛著鎖
匙啊。
這是
鎖匙嗎？
你可以
逃離
這裡了。

雖然待在這裡
很辛苦，但有人
餵食，之後也會
換大籠子。
但你不是
才說要飛出
去嗎？
看你這身材，
再待下去，
我看你連飛都
飛不起來了。

你們
少囉嗦！

・・・

我完全不知道，自己脖子上掛了一把可以帶我離開的鎖匙，此刻終於可以飛走了，隨時想飛就能飛！但奇怪的是，面對這份自由，我卻突然害怕了起來：離開會不會餓死呢？我的小翅膀能飛多遠？我會不會被吃掉？如果繼續待在這裡，雖然會完全失去自主能力，但每天都會有人固定送飯啊，到底該怎麼辦呢？

我越想越搞不懂自己到底想要什麼，終究我還是隻被關在籠子裡的鳥，而且是愛找藉口碎碎念的胖鳥。

外面的世界美麗但充滿險惡。

回家路上的
紫丁花香

美麗動人的春天滿是盛開的花朵，雖然不完全是季節的關係，但一整天沉重的負擔，到了春天彷彿就輕盈許多。

我度過緊繃的一天後，緩緩地走在回家的路上，一直盯著地上看，突然一陣花香撲鼻，原來是紫丁香！我走過一棟遮蔽視線的建築後，就看到明月高掛空中。月光下的花香就是樹叢裡蹦出來的妖精，頭上還插著花朵、背上有翅膀舞動。妖精在空中晃動，伸出小手邀請我同行。我跟著妖精打開一扇陌生的門，裡面有群胖胖的妖精，很興奮地迎接我。

這本來是一趟平凡無奇的回程，是紫丁花香帶來的魔法使我充滿幻想。

這香味
真棒。
聞
鏘鏘

你看，
月光真
明亮。
要去哪？
快，跟我
一起走。
啪搭
啪搭

紫丁花香讓日常充滿夢幻

奇蹟貓咪

我在下班回家路上遇到一隻長毛三花貓，現在想起來，一切好像都是安排好的。當時我家裡已經有三隻貓咪，所以無論路上遇到多可憐的貓咪，都不能再帶回家養了。但終究會有預料之外的力量，驅使我把貓咪帶回來。

我先因著健康考量，帶他到醫院進行結紮手術，同時有預感他的主人也在找他。

喵喵
小可愛，
你是從哪兒
來的呀？

小姐你心腸
真好，要帶
回去養嗎？
那是流浪貓，
附近鄰居都會
餵他食物。
咦？
好像是有人
養的貓耶。
磨蹭磨蹭

你跟我
回家吧。
喵喵
隔離
喵喵
該拿你如何
是好呢？
他好像已經
被結紮了？
獸醫
喵喵
咦，這不
是我撿到
的貓嗎？

…

只要在網路搜尋貓咪咖啡館，很容易就能找到尋貓啟事；意外的是，原來這隻貓兩年前就離家出走了。不知道他是個性好還是因為長得特別好看，這兩年竟然光靠路人餵食，就可以維持得這麼健康。

他的主人很久之前就搬到很遠的地方了，幸好還是連絡上了，電話中感覺主人的聲音有些顫抖。畢竟不是兩天、兩週，而是兩年耶！當時主人其實一直焦急地尋找貓咪，時間久了也就放棄了，很訝異突然獲知貓咪還活著的消息。

我記得貓咪回到主人身邊的那天，雨下得很大，可惜我當天有急事，不能跟貓咪好好道別。

移動路徑
路
趙晟恩住所
貓咪住所
地下道
小可愛，你這兩年在外面是怎麼過的呢？
喵喵
你好，我找到貓咪了。
10

• • •

我下班後回到家，竟收到主人寄來二十萬韓元的感謝紅包；當初我看到貓咪，就直接送醫治療花了近十萬韓元，並不覺得這筆花費有什麼，卻因此收到一倍的紅包。

我有時會回想這隻貓咪從離家、守候在原本生活的地方，直到我緊緊抱著他，最後他順利回家的奇蹟式過程，都能抹去我消極的生活態度，以更正向的心態面對未來。

奇蹟貓咪

今天還是一樣

好像有很多人老愛盯著我，雖然不是影響很大，但我總是對別人有防備心。往前走幾步再回頭看，那時真希望不要再被盯著看。

每當這時我多希望有一件超大的圍裙就好了，我想把流浪狗輕輕放進圍裙口袋中，把所有痛苦的東西全放進去，包括我可以做和做不到的，我擁有和無法擁有的。我的優柔寡斷、罪惡感、自卑感和脆弱的內心，都藏在一件巨大的圍裙裡。但是世界上如果沒有那樣的圍裙，我的內心會非常痛苦。

可以帶我走嗎？
對不起。
我又想起那些往事。
咕咕
被遺棄的鴿子
對不起。
流浪狗
對不起。
趙晟恩
對不起。
他們全都在注視我。

那些我錯過的事物……

果乾和金勾在春天出生。

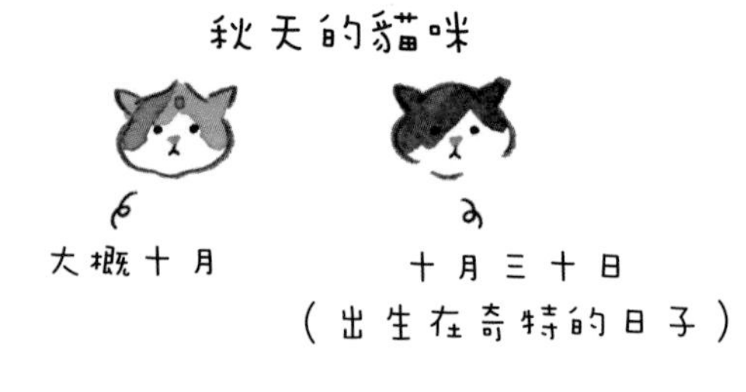

浩舜和可樂在秋天出生。

我的出生時間是個秘密。

咚咚長大了才來到家裡，
所以不知道出生的季節。

在畫裡結合季節與貓咪。

四季都有貓咪

種滿相思樹的山頭，

有著紅色玫瑰裝飾的優雅牆面；

貓咪如果誕生在春天的閃亮光芒之下，

就會帶著熱情交雜害羞的春天氣息。

在紅色葉子紛紛掉落的那天，

我突然在寒冷空氣中懷念起過去。

貓咪如果誕生在晴朗的秋天，

就會是優雅動人的秋日貓咪。

也許你只是茂盛樹叢裡的一小片葉子，

之後可能會成為乾枯的楓葉、細瘦的樹枝；

你是有著深邃大眼的四季貓咪。

春天的貓。

將貓咪畫進
秋日風景。

既然不知道咚咚
何時出生，就把四
季都畫給他吧。

互相擁抱

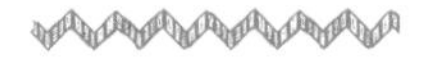

我是人，

你是貓，

我們互相思念著。

我傷心欲絕，

而你在疼痛中掙扎。

你被嚇得魂飛魄散，

而我害怕明天到來。

我是人，而你是貓，

讓我們互相緊緊擁抱吧。

乾燥的強烈沙塵暴摧殘著，

隨著時間流逝，

我和你，

除了見面就別無選擇。

我是人，

你是貓，

而我們互相緊緊擁抱。

每天早晨都要經歷的離別時刻。

牛郎在東邊種田。

織女在西邊織布。

度日如年。

互相思念對方。

充滿悸動的重逢。

淚水都成了七夕雨。

我是擁有五隻貓咪的富豪。

即使擁有五隻貓，
內心依然空虛。

原來遛狗是這樣啊。

好想一起散步

即便身為貓富翁，內心還是有空虛的時候。例如當在公園看到別人遛狗的時候，我內心的空虛就如同灌進的冷風……因為我也好希望可以「遛貓」。

春天時可以帶貓出去賞花、秋天賞楓的話該多好啊！每次我都很羨慕狗主人和狗狗之間的互動，因為根本不可能帶五隻貓出去散步啊。只好繼續一個人散步、畫畫，畫中的我和貓咪，可以漫步在耀眼陽光下的百花叢中。

與貓咪在春天
的百花叢中

要一起
散步嗎？
拖
這才是現實

困難都會過去

多數人的生活中，快樂會多於悲傷，甚至從甜美夢境醒來，也會感到失落的沉重；但無論悲喜，每件事都有結束的一天。

今天又是一段漫長艱辛的道路，我勉強自己準備上班，在擁擠的公車上左右搖晃，同時趁機處理一些累積的公事，一定要打起精神度過這一天。

就算是勉強自己往前邁進，疲勞感仍然不斷增加，終究還是會一步步走到盡頭的。越接近終點腿就越疲，只要輕輕閉上眼睛，就會消解心中的沉重感……而天色終於漸漸暗下來了。

一週三次的瑜珈課。

因為有在上班，
所以才會上個一兩次課就累。

上課要努力完成動作，不能只是躺著啊。

現在到底要怎麼做。

沒有簡單的捷徑可以走。

今天一整天都這樣忙碌。

我腦袋快要爆炸了。

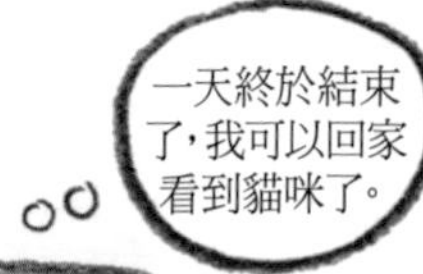

這一天終於畫下句點了。

上班彷彿登山
中途被咬
午休是綠洲
遭遇襲擊
滿身瘡痍
終於下班
辛苦啦。
結束漫長的一天

貓咪王子

雖然金勾年齡最長、身材最壯碩，但在五隻貓咪之中地位排名最後。當時金勾不太舒服，緊閉嘴巴什麼都不吃，如果硬是餵食，馬上就吐出來了。他沒有力氣，只躲在書房不出來，情況就繼續惡化。獸醫先為他打點滴，再服用食慾促進劑，搞得全家都以金勾為中心。平常被所有貓咪欺負的金勾，因為生病就瞬間登上家中的王子寶座了。

當金勾的胃口漸漸恢復，就開始吵著要吃東西；我翻遍整間屋子找罐頭，終於找到罐頭讓他獨享。看著他開心吃罐頭的模樣，我頓時放心許多。不過生病的時間已經夠了，來吧，現在就把因為生病得到的王冠還給我吧。因為即使你沒有生病，也是我們家裡的貓咪王子。

金勾看起來很不舒服。

我帶著家裡體重最重的金勾去醫院。

醫生是這樣說的。

我立刻送上山珍海味。

我保護著地位排名最後的金勾。

我二十四小時細心看顧他。

金勾就這樣成為家中的王子。

就在我厭倦了服侍王子的某天⋯⋯

突然聽到熟悉的聲音。

金勾的食慾恢復了。

金勾就算沒有病痛，還是我們家的王子。

就算沒有生病
也是家裡的王子

我就是家裡的偶像

我的個性天生就是熱情又固執，哪裡還需要愛情的滋潤呢？只要下班之後打開家門，五隻貓咪就會給我這份滋潤了。

除了我的睡眠之外，五隻貓咪全都以我為中心圍繞在身旁，就連上廁所都要輪流跳到我的膝蓋上喵喵叫，一點都不自由。

睡覺時如果不讓金勾和咚咚進房間，他們還是會吵著要我開門，甚至不惜久坐門前抗議，所以只好連睡覺時一樣被貓咪包圍著。

下班後的景象。

就算是上廁所都人氣不減。

睡覺時也是甜蜜的負擔。

發送餐點的時刻是我人氣的最高點。

...

能夠每天過上這樣像偶像全盛時期的日子，應該是我上輩子做了很多善事，否則怎麼能擁有這麼多的關愛和人氣呢？

我會好好堅持初衷，不因為高人氣就變得傲慢，面對愛我的粉絲要虛心以待。我永遠都不想失去這樣的高人氣，要一直當家裡最棒的偶像。

我是家裡最受歡迎的！

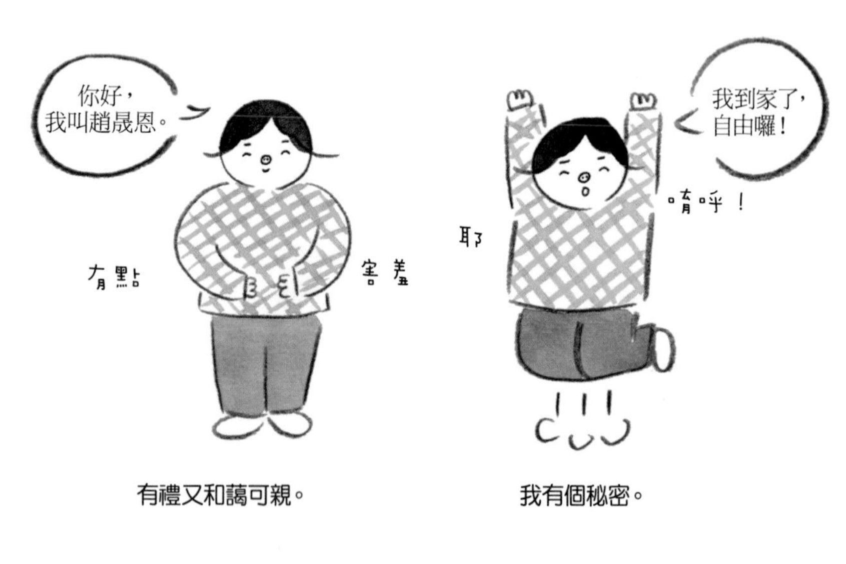

有禮又和藹可親。

我有個秘密。

只要把貓咪的腳跟尾巴抓來聞。

心裡就會頓時感到平和許多。

散發香味的腳丫

我在外面是注重禮節、小心翼翼又和藹可親的人，不過一回家就會變得古靈精怪，怪到甚至不曉得什麼叫丟臉。其實我很喜歡親貓咪的腳底板，他們的尾巴和腳散發出來的味道很吸引我。我會模仿不同年紀的聲音跟貓咪對話，而且連他們上廁所的樣子我都覺得很可愛。

當我欣賞貓咪可愛的背影時，如果他們開始喵喵叫，我就會很溫柔地問說怎麼啦？雖然可能看起來有點蠢，但貓咪也一樣啊，有乾淨也有骯髒的時刻，有可愛也有很蠢的時候，所以我們彼此都不會覺得奇怪或丟臉。

我會看貓咪上廁所。

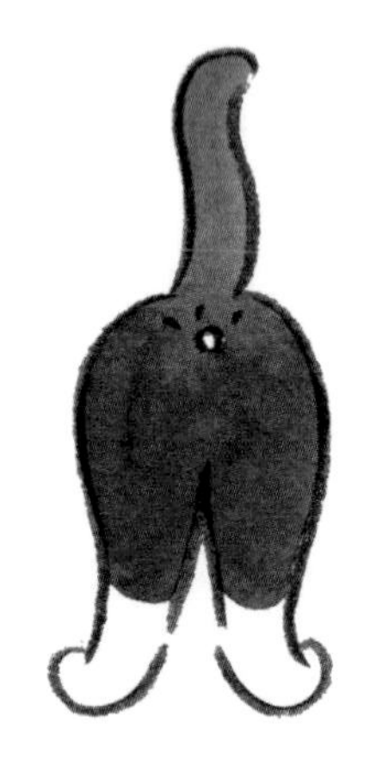

全世界上廁所最可愛的就是貓咪。

我會觀察貓咪的隱私。

沒錯，我就像個變態！

我們深愛彼此。

至理名言

這篇文章我反覆地寫了又擦掉，擦掉又重寫。對貓咪來說，人類既是他們的不幸，也是他們的希望。

這個世界上有備受關愛的貓。　　也有很多被遺棄或虐待的貓。

我又氣到找貓神出來理論。

在我面前就有受苦的貓咪。

貓神露出尷尬的神情。

在我耳邊細語秘密。

貓神說：

「貓咪的安危是交給人類安排的。」

終結過敏

只要一打噴嚏，就會連打好幾個噴嚏無法停止。好不容易打完了，就要迎接無止盡的鼻水。大概因為身體是水做的，就算塞住鼻子還是流個不停。無論是在家裡、公車上、辦公室，一旦鼻炎發作就只好衛生紙不離身。

有時候連眼睛也腫得很厲害，像是果乾只要太貼近我的臉，我就很容易紅腫發癢，情況嚴重的時候還得看耳鼻喉科，當作鼻子過敏來治療。

因為我知道大概是貓咪引起的，所以都沒有正視這個問題，就這樣拖了好幾年。前陣子身體很不舒服才接受檢查，在兩側腋下塗上過敏物質和一層試劑，馬上紅腫發癢，連血液篩檢都證明是由動物毛髮引起的。

當我跟醫生說家裡有養貓的時候，醫生雖然理解貓咪就像家人，但還是建議我能不養就不養，我敷衍地點個頭就離開醫院了。沒有貓咪的日子，就像是沒有陽光的黑暗世界。

原來在與貓咪一同的快樂生活之下，藏著鼻炎的陰影。

真的想清楚
要養貓了嗎？

我只要跟想養貓的人，聊起我養貓的趣事，往往他們的雙眼都會散發光芒，一副超想要養貓的樣子。雖然我很開心遇到喜歡貓的人，但若是聽到他們說也想養貓，第一反應都是勸他們最好不要。

我這十一年來也確實和貓咪度過許多幸福時光，但不管我告訴他們過程有多辛苦、如何為錢煩惱等種種問題，他們眼中的光芒依然不減，直說能和貓在一起真是太幸福了。

姊，我想
養貓。
你說
什麼？
只要有人說想養貓，
我都會持反對意見。
一起吃吧。
養貓不是好像飯桌上
多放支湯匙就得了。
四隻貓的醫藥費
叮咚
請一次付清
990,000
愛貓咪動
物醫院敬
上。
這是非常花錢的事啊。
若想離開幾天，
還要拜託媽媽
來照顧。
呻吟
自由受限了。

要深具責任感。

也要承擔周邊不認可的聲音。

如果之後要放棄，不如當初就別養。

希望有一天，路上隨處都可以見到，貓咪帶來的燦爛風景。

跟貓咪一起生活的你，投射出那美麗的光芒與影子。

貓咪
變了個樣

家裡有段時間過得很像在打仗。我每天都在發脾氣，單打獨鬥的力量畢竟有限，無法五隻貓咪都照顧周全，最後竟先跟貓咪打架再哭上一整晚，抱怨因為你們讓我的日子加倍辛苦。

我越是發脾氣，情況就越失控；我再怎麼愛貓，都不可能五隻都打理得很完善吧！我的憤怒讓他們不安，但各自行動的他們又會加劇將我逼瘋。我意識到比起責怪貓咪，我應該要重新檢視自己，才能改善這個惡性循環。

是那些不良節目影響孩子了嗎？

我不禁想起過去。

無論原因是外在環境或是我個人因素，要解釋的話都太累了。

所以常常發火。

孩子會變得粗暴，父母也有責任；

電視劇裡的媽媽哭了，我也跟著哭了。

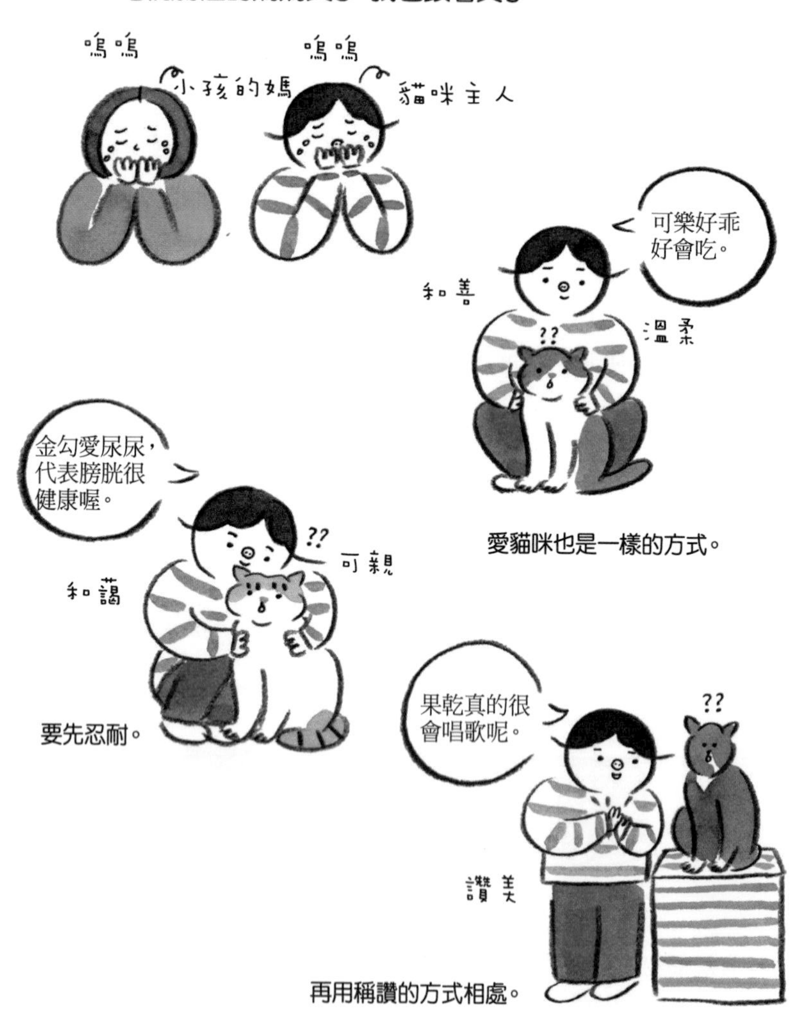

• • •

之後不再對夜裡哭鬧的孩子發脾氣，先摸摸他們穩定情緒，再好好稱讚一番；經常跟他們說我很愛他們，改掉不好的語氣，不再顯露壞脾氣。

當然不會立刻有效果，但日子漸漸比以往平靜多了；既然貓咪不可能主動改變，我就先試著改變自己，慢慢的貓咪也會跟著改變。雖然至今半夜還是會胡鬧打架，但至少家裡建立了秩序與和平，最後我們都改變了。

家裡的趙晟恩改變了

要不要直接
離職呢？

我有段時間變得異常，突然都很心甘情願地到公司上班，雖然累歸累，但覺得都是我該做的事。

但我明明一直覺得上班很痛苦，工作一點都不輕鬆，每天充滿煩惱，常常想逃得越遠越好。

因為無法靠畫畫維生，所以只好堅持上班，試著用月薪維持生活。白天痛苦地上班，晚上拖著虛脫的身體畫畫，我真的厭倦這種生活了。

要快點給我資料，我下班還有事。
好的，但這需要一點時間。
好想睡喔。
這個週末還要加班。

每天工作都堆得跟山一樣高，做都做不完。
好奇怪，明明覺得很累，為什麼好像可以克服了？
為何有股淡淡的哀傷？

• • •

父母希望我存錢搬進屬於自己的公寓，但我卻動不動就想提離職，只想畫畫，所以讓父母十分擔心。

我白天努力工作，下班後喝罐啤酒就早早入睡，畢竟隔天又要上班，我只好盡量不胡思亂想。多數人也都是這樣過日子的，我憑什麼有其他夢想呢？我雖然此刻努力堅持著，但不知道能撐到什麼時候，越是無法預知，內心就越不安。

為了過自己喜歡的生活，我犧牲很多東西。有一次終於到了我期待已久的週五晚上，竟然被通知禮拜六還要加班！我再也忍不住疲勞與煩躁，整個爆發了！我頓時覺得之前忍受的一切都是錯覺，根本不可能這樣過一輩子啊。

打滾
充滿陽光
你現在終於清醒了，光靠畫畫會餓肚子的，趕快去賺錢吧。
我現在會努力工作，正常上下班的。

又沒有才華，幹嘛畫這些呢？
我為什要這麼害怕呢？
果乾啊，媽媽這一生就是錢的奴隸吧！

一旦放棄堅持，就會失去希望；既然無法擺脫這些惆悵，就把它當成原動力，往另一條路邁進吧。

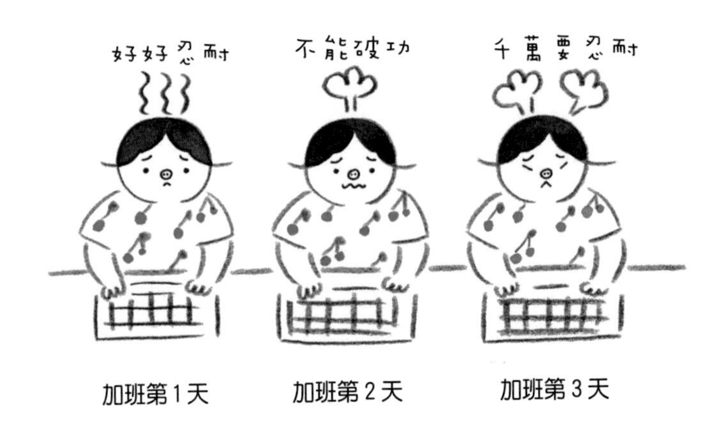

不能再這樣下去了！

如果你是
我的死黨

我和幾個好朋友去香港旅遊，途中很想念託給媽媽照顧的浩舜。雖然浩舜是貓，我是人，但我們之間有很多相似之處：生性膽小、具有好奇心、食慾良好。

我吃奶油蛋糕的時候，浩舜會跑來偷舔奶油；煮咖啡時會跑來聞咖啡香，但咖啡因對貓咪有毒性，所以無法共享。有次不知道他會不會喜歡保養品，所以故意擦上身體乳液讓他舔，果然浩舜嚇到逃走了。

我去香港旅遊。

很想念浩舜……

浩舜跟我一樣有好奇心。

對飲品也很有興趣。

浩舜會是最適合我的旅伴。

如果能和個性、興趣相同的好友一起旅行的話，那該多好啊！兩個人可以親密地勾著手，閒逛香港街頭、享受異國風情；在一座充滿新鮮感的城市裡，吃碗餛飩麵再喝杯咖啡。

我知道浩舜不可能跟我去香港旅遊，所以只好在腦海中幻想了。

有你同行的旅程該有多好？

浪漫婚禮

在某個百花盛開的五月，天氣在雨後轉晴，涼爽的風吹來春日般的甜蜜花香，和秋日般的清涼感。

在這個兼具春日與秋日氣息的日子，我為小兒舉辦了簡單的婚宴。婚禮現場就用野花裝飾，新郎新娘沒有盛裝打扮，但是穿上了可愛逗趣的衣服，雙手交疊著。新郎臉上展現燦爛笑容，也感覺得到新娘內心非常雀躍，兩人稍微碰到就散發濃濃愛意。

雖然兩人在相遇的路上經歷風風雨雨，但到了春天與秋天相遇的季節，就會是耀眼的萬里無雲。

後記

每當我在辦公室要走去洗手間時，都會看到一隻小黃狗，我因為他的其貌不揚而加倍愛他。某天他突然消失了，再也沒看過他，只剩下狗籠與繩子，還有更添哀愁的空碗。

每次想到那隻從未被稱讚或撫摸的小黃狗，再經過看到那空蕩蕩的屋子就會很難過，所以後來眼神都刻意避開窗外。

之後有隻小白狗取代了小黃狗的位置，在我製作這本書的期間，他也從幼犬變為成犬了。

我永遠不會放棄絲毫希望，要記下每件我記得的事，就算那些事看起來極為渺小，但會讓人非常珍惜並銘記在心。

我不要再留下小黃狗那樣的悔恨了，所以去找了狗主人詢問。

「狗狗已經長這麼大了呀，真的超可愛的，可以摸摸他嗎？」

我伸出手，小白狗也走近我並大聲汪汪叫，同時搖晃尾巴表示歡迎。

小白狗真的善良又漂亮，雖然被拴住，但似乎滿健康的。

我低頭摸他，告訴他要幸福喔！

我決定之後要用溫暖的態度看待一切。

我身邊有金勾、可樂、浩舜、咚咚、果乾這五隻貓咪，還有跟貓咪一樣溫暖的小黃狗與小白狗，他們單純又充滿熱情。我隨時都會伸出雙手，來愛這些平凡的小東西。

Orange Life 31

你的軟爛，我好喜歡

貓大師說要先懂得躺平，才能悟出人生的真諦

作者：趙晟恩

出版發行

橙實文化有限公司 CHENG SHIH Publishing Co., Ltd
粉絲團 https://www.facebook.com/OrangeStylish/
MAIL: orangestylish@gmail.com

作　　者 趙晟恩
譯　　者 紀仲威
總 編 輯 于筱芬 CAROL YU, Editor-in-Chief
副總編輯 謝穎昇 EASON HSIEH, Deputy Editor-in-Chief
業務經理 陳順龍 SUNLONG CHEN, Marketing Manager

美術設計 點點設計
製版／印刷／裝訂 皇甫彩藝印刷股份有限公司

編輯中心
ADD／桃園市中壢區永昌路147號2樓
2F., No. 147, Yongchang Rd., Zhongli Dist., Taoyuan City 320014, Taiwan (R.O.C.)
TEL／（886）3-381-1618 FAX／（886）3-381-1620
MAIL: orangestylish@gmail.com
粉絲團https://www.facebook.com/OrangeStylish/

經銷商
聯合發行股份有限公司
ADD／新北市新店區寶橋路235巷弄6弄6號2樓
TEL／（886）2-2917-8022 FAX／（886）2-2915-8614
初版日期 2024年2月